U0180985

本丛书由同济大学上海市人工智能社会治理协同创新中心
组织策划和资助出版

人工智能政治哲学

[奥地利] 马克·考科尔伯格(Mark Coeckelbergh) 著
徐 钢 译

The Political Philosophy of AI

上海人民出版社

丛书序

当前，在移动互联网、大数据、超级计算、传感网、脑科学等新理论新技术以及经济社会发展强烈需求的共同驱动下，新一代人工智能正在全球蓬勃发展，推动着经济社会各领域从数字化、网络化向智能化加速跃升。作为新一轮产业变革的核心驱动力，人工智能正深刻改变着人类的生产生活、消费方式以及思维模式，为经济发展和社会建设提供了新动能新机遇。

人工智能是影响面广的颠覆性技术，具有技术属性和社会属性高度融合的特征。它为经济社会发展带来了新机遇，也带来了新挑战，存在改变就业结构、冲击法律与社会伦理、侵犯个人隐私、挑战国际关系准则等问题，对政府管理、经济安全和社会稳定乃至全球治理产生深远影响。从国内外发展来看，人工智能的前期研发主要是由其技术属性推动，当其大规模嵌入社会与经济领域时，其社会属性有可能决定人工智能技术应用的成败。“技术” + “规则”成为各国人工智能发展的核心竞争力。各国在开展技术竞争的同时，也在人工智能治理方面抢占制度上的话语权和制高点。因此，在大力发展人工智能技术的同时，我们必须高度重视其社会属性，积极预防和有效应对其可能带来的各类风险挑战，确保人工智能健康发展。

人工智能是我国重大的国家战略科技力量之一，能否加快发展新一代人工智能是事关我国能否抓住新一轮科技革命和产业变革机遇的战略问题。我国在加大人工智能研发和应用力度的同时，高度重视对人工智能可能带来的挑战的预判，最大限度地防范风险。习近平总书记多次强调，“要加强人工智能发展的潜在风险研判和防范，维护人民利益和国家安全，确保人工智能安全、可靠、可控”。2017 年国务院发布的《新一代人工智能发展规划》也提出，要“加强人工智能相关法律、伦理和社会问题研究，建立保障人工智能健康发展的法律法规和伦理道德框架”，并力争到 2030 年“建成更加完善的人工智能法律法规、伦理规范和政策体系”。近年来，我国先后出台了《网络安全法》《数据安全法》《个人信息保护法》等一系列相关的法律法规，逐渐完善立法供给和适用；发布了《新一代人工智能治理原则——发展负责任的人工智能》《新一代人工智能伦理规范》，为从事人工智能相关活动的主体提供伦理指引。标准体系、行业规范以及各应用场景下细分领域的规制措施也在不断建立与完善。

人工智能产业正在成为各个地方经济转型的突破口。就上海而言，人工智能是上海重点布局的三大核心产业之一。为了推动人工智能“上海高地”建设，上海市先后出台了《关于本市推动新一代人工智能发展的实施意见》《关于加快推进上海人工智能高质量发展的实施办法》《关于建设人工智能上海高地　构建一流创新生态的行动方案（2019—2021 年）》《上海市人工智能产业发展“十四五”规划》等政策文件。这些文件明确提出要“逐步建立人工智能风险评估和法治监管体系。鼓励有关方面开展人工智能领域信息安全、隐私保护、道德伦理、法规制度等研究”；“打造更加安全的敏捷治理，秉承以人为本的理念，统筹发展和安全，健全法规体系、标准体系、监管体系，更好地以规范促发展，为全球人工智能治理贡献上海智慧，推动人工智能向更加有利于人类社会的方向发展。”此外，上海还制定和发布了《上海市数据条例》和《人工智能安全发展上海倡议》，并且正在推进人工智能产业发展和智能网联汽车等应用场景的立法工作，加强协同创新和可信人工智能研究，为上海构建人工智能治理体系和实现城市数字化转型提供了强大的制度和智力支撑。

重视人工智能伦理、法律与治理已成为世界各国的广泛共识。2021 年联合国教科文组织通过了首份人工智能伦理问题全球性协议《人工智能伦理问题建议书》，倡导人工智能为人类、社会、环境以及生态系统服务，并预防其潜在风险。美国、欧盟、英国、日本也在积极制定人工智能的发展战略、治理原则、法律法规以及监管政策，同时相关的研究也取得了很多成果。但总体而言，对人工智能相关伦理、法律与治理问题的研究仍处于早期探索阶段，亟待政产学研协同创新，共同推进。

首先，人工智能技术本身正处于快速发展阶段。在新的信息环境下，新一代人工智能呈现出大数据智能、群体智能、跨媒体智能、混合增强智能和智能无人系统等技术方向和发展趋势。与此同时，与人工智能相关的元宇宙、Web3.0、区块链、量子信息等新兴科技迅速发展并开始与经济社会相融合。技术的不断发展将推动各领域的应用创新，进而将持续广泛甚至加速影响人类生产生活方式和思维模式，会不断产生新的伦理、法律、治理和社会问题，需要理论与实务的回应。

其次，作为一种新兴颠覆性技术，人工智能是继互联网之后新一代“通用目的技术”，具有高度的延展性，可以嵌入到经济社会的方方面面。新一代人工智能的基本方法是数据驱动的算法，随着互联网、传感器等应用的普及，海量数据不断涌现，数据和知识在信息空间、物理空间和人类社会三元空间中的相互融合与互动将形成各种新计算，这些信息和数据环境的变化形成了新一代人工智能发展的外部驱动力。与此同时，人工智能技术在制造、农业、物流、金融、交通、娱乐、教育、医疗、养老、城市运行、社会治理等经济社会领域具有广泛的应用性，将深刻地改变人们的生产生活方式和思维模式。我们可以看到，人工智能从研究、设计、开发到应用的全生命周期都与经济社会深深地融合在一起，而且彼此的互动和影响将日趋复杂，这也要求我们的研究不断扩大和深入。

最后，我们不能仅将人工智能看成是一项技术，而更应该看到以人工智能为核心的智能时代的大背景。人类社会经历了从农业社会、工业社会再到信息社会的发展，当前我们正在快步迈向智能社会。在社会转型的时代背景下，以传统社会形态为基础的社会科学各学科知识体系需要不断更新，以有效地研究、解释与解决由人工智能等新兴技术所引发的新的社会问题。在这一意义上，人工智能伦理、法律与治理的研究不仅可以服务于人工智能技术的发展，而且也给哲学、经济学、管理学、法学、社会学、政治学等社会科学带来了自我审视、自我更新、自我重构的机遇。在智能时代下如何发现新的研究对象和研究方法，从而更新学科知识，重构学科体系，这是社会科学研究的主体性和自主性的体现。这不仅关涉个别二级学科的研究，更是涉及一级学科层面上的整体更新，甚至有关多个学科交叉融合的研究。从更广阔和长远的视角来看，以人工智能为核心驱动力的智能社会转型，为社会科学学科知识的更新迭代提供了良好契机。

纵观世界各国，人工智能技术的发展已经产生了广泛的社会影响，遍及认知、决策、就业和劳动、社交、交通、卫生保健、教育、媒体、信息获取、数字鸿沟、个人数据和消费者保护、环境、民主、法治、安全和治安、社会公正、基本权利（如表达自由、隐私、非歧视与偏见）、军事等众多领域。但是，目前对于人工智能技术应用带来的真实社会影响的测量和评价仍然是“盲区”，缺乏深度的实证研究，对于人工智能的治理框架以及对其社会影响的有效应对也需要进一步细化落地。相较于人工智能技术和产业的发展，关于人工智能伦理、安全、法律和治理的研究较为滞后，这不仅会制约我国人工智能的进一步发展，而且会影响智能时代下经济社会的健康稳定发展。整合多学科力量，加快人工智能伦理、法律和治理的研究，提升“风险预防”和“趋势预测”能力，是保障人工智能高质量发展的重要路径。我们需要通过政产学研结合的协同创新研究，以社会实验的方法对人工智能的社会影响进行综合分析评价，建立起技术、政策、民众三者之间的平衡关系，并通过法律法规、制度体系、伦理道德等措施反馈于技术发展的优化，推动“人工智能向善”。

在此背景下，2021 年新一轮上海市协同创新中心建设中，依托同济大学建设的上海市人工智能社会治理协同创新中心正式获批成立。中心依托学校学科交叉融合的优势以及在人工智能及其治理领域的研究基础，汇聚法学、经管、人文、信息、自主智能无人系统科学中心等多学科和单位力量，联合相关协同单位共同开展人工智能相关法律、伦理和社会问题研究与人才培养，为人工智能治理贡献上海智慧，助力上海城市数字化转型和具有全球影响力的科技创新中心建设。

近年来，同济大学在人工智能研究和人才培养方面始终走在全国前列。目前学校聚集了一系列与人工智能相关的国家和省部级研究平台：依托同济大学建设的教育部自主智能无人系统前沿科学中心，作为技术和研究主体的国家智能社会治理实验综合基地（上海杨浦），依托同济大学建设的上海自主智能无人系统科学中心、中国（上海）数字城市研究院、上海市人工智能社会治理协同创新中心，等等；2022 年同济大学获批建设“自主智能无人系统”全国重点实验室。这些平台既涉及人工智能理论、技术与应用领域，也涉及人工智能伦理、法律与治理领域，兼顾人工智能的技术属性和社会属性，面向智能社会发展开展学科建设和人才培养。同时，学校以人工智能赋能传统学科，推动传统学科更新迭代，实现多学科交叉融合，取得了一系列创新成果。在人才培养方面，学校获得全国首批“人工智能”本科专业建设资格，2021 年获批“智能科学与技术”交叉学科博士点，建立了人工智能交叉人才培养新体系。

由上海市人工智能社会治理协同创新中心组织策划和资助出版的这套“人工智能伦理、法律与治理”系列丛书，聚焦人工智能相关法律、伦理、安全、治理和社会问题研究，内容涉及哲学、法学、经济学、管理学、社会学以及智能科学与技术等多个学科领域。我们将持续跟踪人工智能的发展及对人类社会产生的影响，充分利用学校的研究基础和学科优势，深入开展研究，与大家共同努力推动人工智能持续健康发展，推动“以人为本”的智能社会建设。

编委会

2022 年 8 月 8 日

目　录

CONTENTS

致谢

我要感谢编辑玛丽·萨维加尔（Mary Savigar）对我的支持，并帮助我顺利完成本书的写作计划；感谢贾斯汀·戴尔（Justin Dyer）的精心编辑；感谢扎卡里·斯托姆斯（Zachary Storms）在书稿提交方面提供的帮助。我还要感谢匿名审稿人的意见，他们的意见帮助我润色了书稿。特别感谢尤金妮娅·斯坦博利耶夫（Eugenia Stamboliev）在本书的文献检索方面提供的帮助。最后，我衷心感谢我的家人和远方的朋友，感谢他们在这两年困难时期给予我的支持。

第一章　导论

"我猜是电脑搞错了"：21 世纪的约瑟夫 · K.

一天早上，约瑟夫 · K.（Josef K.）莫名其妙地被逮捕了，准是有人诬陷了他。（Kafka 2009，5）

这是弗兰兹 · 卡夫卡（Franz Kafka）的长篇小说《审判》(*The Trial*）中的第一句话，该书最初出版于 1925 年，被认为是 20 世纪最重要的小说之一。故事的主人公约瑟夫 · K. 突然被捕并被起诉，但他却不知缘由。读者对此也一无所知。随后的许多探寻和遭遇只是增加了这一切的不透明性，在一次不公正的审判后，约瑟夫 · K. "像狗一样"（165）地被屠刀处死。人们对这个故事有多种解读。其中一种政治观点认为，这个故事显示了制度的压迫性，它的描述不仅反映了现代官僚机构权力的增强，也预示了十年后纳粹政权的恐怖：人们在没有做错任何事情的情况下被捕并被送往集中营，遭受各种形式的痛苦甚至死亡。正如阿多诺

（Adorno）所说：卡夫卡提供了一个“对恐怖和折磨的被应验的预言”（Adorno 1983，259）。

不幸的是，卡夫卡的故事在今天仍然具有现实意义。这不仅是因为仍然存在不透明的官僚机构和专制政权，它们毫无正当理由地逮捕人，有时甚至未经审判就进行逮捕；或者因为［正如阿伦特（Arendt 1943）和阿甘本（Agamben 1998）早已指出的那样］难民经常遭受类似的命运；而且还因为现在有了一种新的方式，即使是在所谓的“先进”社会中，这一切也可能发生，事实上*已经*发生了：这种方式与技术有关，特别是与人工智能有关。

2020 年 1 月的一个星期四下午，罗伯特·朱利安·博尔查克·威廉姆斯（Robert Julian Borchak Williams）在他的办公室接到底特律警察局的电话：要求他前往警察局接受逮捕。因为他没有做错任何事，所以他就没有去。一小时后，他在自家门前的草坪上当着妻子和孩子的面被逮捕了。据《纽约时报》（*New York Times*）报道：“警察不肯说原因”（Hill 2020）。后来，在审讯室里警探给他看了监控录像中的一个画面，有一名黑人男子在一家高档精品店行窃，然后问他：“这是你吗？”威廉姆斯是非裔美国人，他回答说：“不，这不是我。你认为所有黑人看起来都一样吗？”直到很久以后，他才被释放，最后检察官也道了歉。

发生了什么事？《纽约时报》记者和她咨询过的专家怀疑“他的案件可能是已知的第一个关于美国人因人脸识别算法的错误匹配而被错误逮捕的案件”。使用机器学习形式的人工智能人脸识别系统存在缺陷，而且很可能还存在偏见：它对白人男性的识别效果好于其他人群。因此，该系统会产生误报，就像威廉姆斯的案例一样，再加上警察糟糕的工作，这就导致人们在没有犯罪的情形下被逮捕。“我猜是电脑搞错了”，一名警探说。在21世纪的美国，小说中的约瑟夫·K. 就是黑人，他们因算法错误而遭指控却毫无解释。

这个案例所揭示的不仅是计算机会犯错误，而且这些错误会对特定的人及其家人造成严重后果；人工智能的使用还可能会加剧现有的系统性不公正和不平等。针对威廉姆斯先生这样的案例，我们可以说，所有公民都有权在对他们作出决定时得到解释。此外，这只是人工智能产生政治意义和影响的众多方式之一，有时是有意的，但大多数是无意的。这个特殊案例提出了有关种族主义和（不）公正的问题——两个当前的问题。但是，关于人工智能和相关技术的政治问题，远不止这些。

本书的理论依据、目标和进路

虽然目前有很多人关注人工智能以及机器人和自动化等相关技术所引发的*伦理*问题[1]，但从*政治哲学*（political philosophy）的角度来探讨这一主题的著作却很少。这是令人遗憾的，这个主题

[1] 例如，Bartneck et al. 2021; Boddington 2017; Bostrom 2014; Coeckelbergh 2020; Dignum 2019; Dubber, Pasquale, and Das 2020; Gunkel 2018; Liao 2020; Lin, Abney, and Jenkins 2017; Nyholm 2020; Wallachand Allen 2009。

本身非常适合做这样的研究，却把政治哲学传统中的宝贵思想资源放着不用。大多数*政治哲学家*（political philosophers）都未曾触及人工智能政治这一主题[1]，尽管总体而言人们对这一主题的兴趣日益浓厚，例如算法和大数据的使用如何强化了种族主义以及各种形式的不平等和不公正[2]、如何抽取和消耗地球资源（Crawford 2021）。

此外，虽然在当前的*政治背景*下有许多公众关注的问题，例如自由、奴役、种族主义、殖民主义、民主、专业知识、权力以及气候问题等，但这些话题的讨论方式往往显得与技术关系不大，反之亦然。人工智能和机器人被视为技术话题，*如果*与政治挂钩，技术往往被视为政治操纵或监控的工具。通常情况下，意想不到的影响仍未得到解决。另外，在人工智能、数据科学和机器人领域工作的*研发人员和科学家*通常愿意在工作中考量伦理议题，但却没有意识到这些议题所涉及的复杂的政治和社会问题，更不用说就这些问题的框架和解决方法进行复杂的政治哲学讨论了。此外，与大多数不熟悉对技术与社会关系进行系统思考的人一样，他们倾向于认为技术本身是中立的，一切都取决于开发和使用技术的人类。

对这种天真的技术观念提出质疑是*技术哲学*（philosophy of

[1] Benjamin 2019a; Binns 2018; Eubanks 2018; Zimmermann, Di Rosa, and Kim 2020 等人除外。

[2] 例如，Bartoletti 2020; Criado Perez 2019; Noble 2018; O'Neil 2016。

technology）的专长，其当代形式是推进了对技术的非工具性理解：技术不仅是达到目的的手段，而且还塑造了这些目的（关于一些理论的概述，请参阅 Coeckelbergh 2019a）。然而，在使用哲学框架和概念基础对技术进行规范性评价时，技术哲学家们通常会求助于伦理学（例如，Gunkel 2014；Vallor 2016）。政治哲学在很大程度上被忽视了。只有一些哲学家建立了这种联系：例如，20 世纪 80 年代的温纳（Winner 1986）和 90 年代的芬伯格（Feenberg 1999），以及今天的萨塔罗夫（Sattarov 2019）和萨特拉（Sætra 2020）。在技术哲学与政治哲学之间的连接上还需要做更多的工作。

这是一个学术鸿沟，也是一种社会需求。气候变化、全球不平等、老龄化、新形式的排斥、战争、专制主义、流行病和疫情，等等，它们中的每一个问题不仅与政治相关，而且以各种方式与技术相关，如果我们想要解决 21 世纪全球和地区最紧迫的一些问题，就必须在思考政治和思考技术之间建立对话。

本书通过下述研究填补了这些空白，并回应了这一问题：

- 运用政治哲学史和最新研究成果，将人工智能和机器人技术的规范性问题与政治哲学主要讨论的问题联系起来；
- 探讨当前政治关注的争议性焦点问题，并将它们与人工智能和机器人问题联系起来；
- 说明这不只是应用政治哲学的实战，还能让人们对这些当代技术中被隐藏的、更深层次的政治维度产生有趣的见解；

- 展示人工智能和机器人技术如何产生预期和非预期的政治影响，并通过政治哲学进行有益的讨论；
- 从而同时为技术哲学和应用政治哲学做出原创性贡献。

因此，本书将政治哲学与技术哲学和伦理学相结合，目的是：（1）更好地理解人工智能和机器人技术提出的规范性问题；（2）揭示紧迫的政治问题及其与这些新技术的使用之间的纠缠。我在此使用“纠缠”（entangled）一词来表达政治问题与人工智能问题之间的密切联系。我的基本观点是，后者*已经*具有了政治性（political）。本书的指导思想是，人工智能不只是一个技术问题或关于智能的问题；就政治和权力而言，它不是中立的。人工智能*彻头彻尾具有政治性*。在每一章中，我都将展示和讨论人工智能的政治维度。

我将从当代政治哲学的具体主题切入，而不是泛泛地讨论人工智能政治。每一章将聚焦一组特定的政治哲学主题：自由、操纵、剥削和奴役；平等、公正、种族主义、性别歧视和其他形式的偏见与歧视；民主、专业知识、参与和极权主义；权力、规训、监控和自我建构；与后人类主义和超人类主义相关的动物、环境和气候变化。每个主题都将根据人工智能、数据科学和机器人等相关技术的预期和非预期的影响进行讨论。

正如读者将注意到的，这种主题和概念的划分在某种程度上是人为的。显然，这些概念以及各专题和章节之间存在许多相互联系和相互作用的方式。例如，自由原则可能与平等原则存在矛盾，而谈论民主与人工智能时也不可能不谈论权力。其中一些内容将在本书中明确阐述，另一些则只能留给读者自己去思考了。但所有章节都展示了人工智能如何影响这些关键的政治议题，以及人工智能如何具有政治性。

然而，本书不仅涉及人工智能，而且也涉及政治哲学思考本身。这些关于人工智能政治的讨论不只是应用哲学的实战——更具体地说是应用政治哲学的实战——而且还将反馈到政治哲学概念本身。它们展示了新技术如何使我们对自由、平等、民主、权力等概念本身产生质疑。在人工智能和机器人时代，这些政治原则和政治哲学概念意味着什么?

本书结构和各章概述

本书共分为七章。

除了第一章导论之外，在第二章中我提出了与自由这一政治原则相关的问题。当人工智能提供制定、操纵和影响我们决策的新方式时，自由意味着什么?当我们为有实力的大型公司提供数字劳动时，我们的自由度如何?机器人取代工人是否会导致奴隶制思想的延续?本章根据不同的自由观念展开。通过与政治哲学中长期讨论的自由（消极自由和积极自由）(negative and positive liberty ）和助推理论（ nudging theory ）进行连接，本章讨论了算法决策和影响所带来的可能性。本章指出，在人工智能建议的基础上消极自由是如何被剥夺的，质疑通过人工智能方式的自由主义助推到底有多自由，并根据黑格尔（Hegel）和马克思（Marx）的理论提出了批判性问题，说明了机器人的意义和使用如何有可能与奴役和资本主义剥削的历史和现状联系在一起。本章最后讨论了人工智能与政治参与自由和言论自由的关系，这在第四章关于民主的主题中仍将继续讨论。

第三章提出了这样的问题：人工智能和机器人技术在平等和公正方面的政治影响（通常是非预期的）是什么？机器人技术带来的自动化和数字化是否会加剧社会中的不平等？人工智能的自动化决策是否会像本杰明（Benjamin 2019a）、诺布尔（Noble 2018）和克里亚多·佩雷斯（Criado Perez 2019）所认为的那样，导致歧视和种族主义？如果会，是为什么？机器人的性别化是否有问题，以及问题是如何产生的？这些讨论中所使用的公正和公平的含义是什么？本章将有关人工智能和机器人自动化与歧视的讨论置于经典政治哲学讨论的背景下，即自由主义哲学传统中关于（不）平等和（不）公正的讨论，如罗尔斯（Rawls）、哈耶克（Hayek），同时也与马克思主义、批判女权主义以及反种族主义和反殖民主义思想相联系。本章提出了关于普遍正义观念与基于群体身份和积极性差别待遇的正义观念之间的紧张关系的问题，并讨论了有关代际正义和全球正义的议题。本章最后提出的论点是，人工智能算法从来都不是政治中立的。

在第四章中，我将讨论人工智能对民主的影响。人工智能可以用来操纵选民和选举。人工智能的监控是否会破坏民主？它是否如祖博夫（Zuboff 2019）所主张的那样是服务于资本主义的？我们是否正在走向一种“数据法西斯主义”（data fascism）和“数据殖民主义”（data colonialism）？我们所说的民主到底是什么意思？本章结合民主理论、关于专业知识在政治中的作用的讨论以及关于极权主义条件的著作，对民主和人工智能进行了讨论。首先，它表明，虽然我们很容易看到人工智能如何威胁民主，但要明确我们想要什么样的民主，以及技术在民主中的作用是什么和应该是什么，那就困难得多了。本章概述了柏拉图式的技术官僚（Platonic-technocratic）政治观念与参与式和协商式民主（participative and deliberative democracy）的理想［杜威（Dewey）和哈贝马斯（Habermas）］之间的紧张关系，而后者又有其批评者［墨菲（Mouffe）和朗西埃（Rancière）］。本章将这一讨论与“信息气泡”（information bubbles，亦可译为“信息茧房”）、“回音室”（echo chambers）和“人工智能驱动的民粹主义”（AI-powered populism）等问题联系起来。其次，本章认为，通过技术实现极权主义的问题指向了现代社会中更深层次的长期存在的问题，如孤独（阿伦特）和缺乏信任。伦理讨论往往只关注对个体的伤害，却忽视了这一更广泛的社会和历史维度。本章最后指出，当人工智能被用作企业操纵和官僚管理人民的工具时，就会产生阿伦特（2006）所说的“平庸之恶”（the banality of evil）的危险。

第五章讨论了人工智能与权力。人工智能如何用于规训和自我规训？它如何影响知识，如何转变和塑造现有的权力关系：人类与机器之间，人类与人类之间，甚至人类内部。谁能从中受益？为了提出这些问题，本章不仅回顾了关于民主、监控和监控资本主义的讨论，也引入了福柯（Foucault）复杂的权力观，其强调了权力在制度、人际关系和身体层面的微观机制。首先，本章建立了一个概念框架用以思考权力与人工智能之间的关系。然后，借鉴了三种权力理论来阐述其中的一些关系：马克思主义和批判理论、福柯和巴特勒（Butler），以及一种以表演为导向的方法。这使我能够揭示人工智能的诱惑和操纵，人工智能产生的剥削和自我剥削及其资本主义背景，以及数据科学在标记、分类和监视人们方面的历史。同时，本章也指出了人工智能赋予人们权力的方式，以及通过社交媒体在自我和主体性的建构中发挥作用的方式。此外，本章还认为，从技术表演的角度来看待人工智能和人类在其中的所作所为，我们可以指出，技术在组织我们的行动、行为和感觉方式方面扮演着越来越重要的、超越工具性的角色。我认为，这些（技术）权力的行使总是具有主动的、社会的维度，这同时涉及人工智能和人类。

在第六章中，我将介绍有关非人类的问题。像大多数人工智能伦理一样，经典的政治讨论是以人类为中心的，但这至少在两个方面受到质疑。一方面，在政治上，人类是唯一重要的事物吗？人工智能给非人类带来什么影响？对于应对气候变化而言，人工智能的使用对人类而言是威胁还是机遇，抑或两者兼而有之？另一方面，人工智能系统和机器人本身是否具有政治地位，例如公民身份？后人类主义者质疑传统的人类中心主义的政治观。此外，超人类主义者认为，人类将被超智能的人工智能体所取代。如果被超人工智能接管，会产生什么样的政治影响？人类的自由、公正和民主是否就此终结？我们将从动物权利和环境理论（Singer，Cochrane，Garner，Rowlands，Donaldson and Kymlicka，Callicott，Rolston，Leopold 等）、后人类主义（Haraway，Wolfe，Braidotti，Massumi，Latour 等）、人工智能和机器人伦理（Floridi，Bostrom，Gunkel，Coeckelbergh 等）以及超人类主义（Bostrom，Kurzweil，Moravec，Hughes 等）等方面出发，探讨超越人类的人工智能政治观念。本章认为，这样的政治需要将非人类纳入其中来重新思考自由、公正和民主等观念，也会对人工智能和机器人技术提出新的问题。本章最后指出，非人类中心主义的人工智能政治重塑了人类与人工智能关系的两个方面：一方面人类被人工智能剥夺或赋予了权力，另一方面人类也赋予了人工智能以权力。

最后一章对全书内容进行了总结，并得出以下结论：（1）在人工智能和机器人等技术发展的背景下，当前我们在政治和社会讨论中所关心的自由、种族主义、公正和民主等问题具有了新的紧迫性和相关性；（2）将人工智能和机器人政治加以概念化不是简单地应用现有政治哲学和政治理论中的概念，而是要求我们对这些概念本身（自由、平等、公正、民主等）进行审视，并对政治的本质和未来以及我们人类自身提出问题。本章还认为，鉴于技术与社会、环境及存在主义心理的变化和转型有着密切的关联，21 世纪的政治哲学再也无法回避海德格尔（Heidegger 1977）所说的“关于技术的问题”（the question concerning technology）。本章随后概述了在该领域需要进一步采取的步骤。我们需要更多的哲学家在这一领域开展工作，对政治哲学 / 技术哲学的联结进行更多的研究，希望能进一步促进对政治与技术的“共同思考”（thinking together）。我们还需要更多地思考如何使人工智能政治对全球环境和文化差异更具参与性、公共性、民主性、包容性和敏感性。本书最后提出了一个问题：我们需要什么样的*政治技术*来塑造未来？

第二章　自由：人工智能操纵与机器人奴役

导言：历史上的自由宣言与当代奴役

自由（freedom 或 liberty，本书将交替使用这两个词）被认为是自由民主国家最重要的政治原则之一，这些国家的宪法旨在保障公民的基本自由。例如，1791 年通过的作为《权利法案》(Bill of Rights）一部分的美国宪法第一修正案保护宗教自由、言论自由和集会自由等个人自由。1949 年通过的德国《基本法》(*Grundgesetz*）规定，人身自由不受侵犯（第 2 条)。历史上，1789 年的法国《人权宣言》(Declaration of the Rights of Man and of the Citizen）影响深远。它植根于启蒙思想家卢梭（Rousseau）和孟德斯鸠（Montesquieu)，在法国大革命时期征询了托马斯·杰斐逊（Thomas Jefferson）的意见。杰斐逊是美国开国元勋之一，也是 1776 年美国《独立宣言》(Declaration of Independence）的主要起草人。《独立宣言》在其序言中就宣称“人人生而平等，造物主赋予他们若干不可剥夺的权利，其中包括生命权、自由权和追求幸福的权利”。法国《人权宣言》第一条规定，“人生来就是而且始终是自由的，在权利方面一律平等”。虽然该宣言仍然排斥妇女，也没有禁止奴隶制，但它是权利和公民自由宣言历史的一部分。这一历史始于1215年的《大宪章》（Magna Carta，自由大宪章），终于1948年12月联合国大会通过的《世界人权宣言》（Universal Declaration of Human Rights，UDHR），该宣言规定“人人生而自由，在尊严和权利上一律平等”（第1条）和“任何人不得使为奴隶或奴役”（第4条）（UN 1948）。

然而，世界上许多国家的人们仍然遭受着威胁或侵犯其自由的专制政权的压迫，其也不断地进行着抗争。但抗争往往会带来致命的后果。例如，看看一些国家是如何对待政治反对派的。虽然奴隶制是非法的，但新形式的奴役今天仍在延续。据国际劳工组织（The International Labour Organization）估计，全球有超过4000万人从事某种形式的强迫劳动或强迫性剥削，例如从事家政工作或色情行业（ILO 2017）。它发生在各国国内，也通过贩运发生。妇女和儿童尤其受到影响。这种情况发生在一些不发达国家，但在美国和英国等国家也存在。根据全球奴役指数（Global Slavery Index），2018年美国估计有40.3万人在强迫劳动条件下工作（Walk Free Foundation 2018，180）。西方国家还进口大量可能在生产地涉及现代奴役的商品和服务。

但是，自由究竟意味着什么？在人工智能和机器人技术发展的背景下，政治自由又意味着什么？为了回答这些问题，让我们来看看对自由的一些威胁，或者更确切地说，对*不同类型自由*的威胁。让我们来看看政治哲学家提出的一些重要的自由观念：消极自由（negative freedom）、自主意义上的自由（freedom as autonomy）、自我实现和解放意义上的自由（freedom as self-realization and emancipation）、政治参与自由（freedom as political participation）以及言论自由（freedom of speech）。

人工智能、监控和执法：剥夺消极自由

正如我们在导论中所看到的，人工智能可用于执法。它还可以用于边境警务和机场安全。在世界各地，机场和其他边境口岸都在使用人脸识别技术和其他生物识别技术，如指纹和虹膜扫描。除了可能产生偏见和歧视（见下一章）以及对隐私的威胁（UNCRI and INTERPOL 2019）之外，其还可能导致各种侵犯个人*自由*的干预措施，包括逮捕和监禁。如果人工智能技术出现错误（比如对一个人作了错误归类、无法识别一张脸），个人可能会被错误逮捕、被拒绝庇护、被公开指控等等。一个“小”的误差可能会影响成千上万的旅客（Israel 2020）。同样，利用机器学习“预测”犯罪的所谓“*预测性警务*”（predictive policing），除了（再次）歧视之外，还可能导致不公正的剥夺自由的司法判决。更广泛地说，它可能会导致“卡夫卡式”的情形：不透明的决策过程和恣意、不公正的和无法解释的决定，严重影响被告的生活并威

胁法治（Radavoi 2020，111–113；另见 Hildebrandt 2015）。

这里受到威胁的自由就是政治哲学家所说的“消极自由”。伯林（Berlin）曾给消极自由下过一个著名的定义，即不受干涉的自由。它涉及的问题是：“在什么范围内，主体——一个人或一群人——可以或应该不受他人干涉地做她能够做的事或成为她能够成为的人？”（Berlin 1997，194）。因此，消极自由是不受他人或国家的干涉、胁迫或阻碍。当人工智能被用来识别那些构成安全风险的人、被认为无权获得移民或庇护的人或者犯有罪行的人时，这种自由就受到了威胁。受到威胁的自由是不受干涉的自由。

鉴于监控技术的发展，我们可以将这一自由观念扩展为不受干扰的*风险*的自由。当人工智能技术被用于监控从而使人们处于奴役或剥削状态时，这种消极自由就岌岌可危。技术制造了无形的锁链和不间断监视的非人之眼。摄像头或机器人始终在那里。正如人们经常观察到的那样，这种状态类似于边沁（Bentham）以及后来的福柯所说的“全景敞视监狱”（Panopticon）：囚犯被监视着，但他们看不到监视者（另见第五章“权力”）。像早期的监禁或奴役形式那样的人身限制或直接监督已不再必要，只要有技术在那里监控人们就足够了。从技术上讲，它甚至不需要真正发挥作用。与测速摄像头相比：无论它是否真正发挥作用，它都已经影响——特别是*规训*——了人们的行为。而这正是摄像头特有设计的一部分。知道自己一直被监视着或者可能一直被监视着，就足以规训自己的行为了。只要有被干扰的风险就足以让人产生消极自由会被剥夺的恐惧。这可以用在监狱和集中营，也可以用在工作环境以监控员工的表现。监控通常是隐藏的。我们看不到算法、数据以及使用这些数据的人。布鲁姆（Bloom 2019）将这种具有隐藏性的权力称为"虚拟权力"（virtual power）是有些误导的。事实上权力是真实存在的。

人工智能监控不仅用于执法和政府管理、企业环境以及其他工作场所中，也被用于私人领域。例如，在社交媒体上不仅存在"纵向"监控（来自国家和社交媒体公司），还存在同伴监控或"横向"监控：社交媒体用户在算法的促成下相互监视。还有一种*逆向监视*（sousveillance）（Mann，Nolan，and Wellman 2002）：人们使用便携式设备记录正在发生的事情。可以列出各种各样的原因来说明这是有问题的，但其中一个原因是它威胁到了自由。这里的"自由"指的是拥有隐私的消极自由，即个人领域不受干涉的自由。隐私权通常被视为自由社会中的基本权利。但是在一个鼓吹共享文化的社会中，这可能会面临危险。正如贝利斯（Véliz 2020）所说："自由主义要求，除了保护个人和培养健康的集体生活所必需的东西之外，没有任何其他事物应受到公众的监督。曝光文化要求一切都要与公众分享并接受公众监督。"因此，完全透明威胁着自由社会，而大型科技公司在其中扮演着重要角色。通过社交媒体，我们自愿创建了关于自己的数字档案，其中包含我们自愿分享的各种个人详细信息，没有任何政府"老大哥"（Big Brother）强迫我们提供这些信息，其也没有费尽周折以隐蔽的方式获取这些信息。相反，科技公司却公开地、无耻地获取数据。像脸书（Facebook）这样的平台是专制政权的梦想，但也是资本家的梦想。人们创建档案并跟踪*自己*，例如出于社交目的（会议），也包括健康监测。

此外，这些信息还可以并已经被用于执法。例如，美国警方根据对一名妇女的 Fitbit 设备（一种活动和健康追踪器）数据的分析，指控她谎报强奸（Kleeman 2015）。Fitbit 数据还被用于一起美国谋杀案（BBC 2018）。来自社交网站和手机的数据可用于预测性警务，这可能会对个人自由造成影响。然而，即便不受干涉的自由没有受到威胁，问题也仍然存在于社会层面，并影响着不同类型的自由，例如自主意义上的自由（见下一节）。正如沙勒夫（Solove 2004）所说："这是一个牵涉我们正在形成的社会类型、我们的思维方式、我们在更大社会秩序中的位置，以及我们对自己生活进行有意义控制的能力的问题。"

话虽如此，但是当涉及技术对消极自由的威胁时，问题可能会变得非常实际。机器人可以用来对人们进行人身限制，例如出于安全或执法目的，也可以是为了"人们自身利益"和安全考虑。试想一下，当一个幼儿或有认知障碍的老人在没有人看管的情况下冒险横穿一条危险的马路，或有从窗户坠落的危险：在这类案例中，可以使用机器来限制这个人，例如阻止他离开房间或离开家。这是一种家长式管理（paternalism）（下一节将详细介绍），它通过监视手段限制个人的消极自由，然后再以物理形式进行干预。夏基和夏基

（Sharkey and Sharkey 2012）甚至认为，使用机器人限制老年人的活动是“走向专制机器人的滑坡”。这种通过人工智能和机器人技术监控和限制人类的情景似乎比遥远的、科幻小说中的超级人工智能接管权力的情景更加现实——后者也可能导致自由的剥夺。

任何人利用人工智能或机器人技术来限制人们的消极自由，都必须证明为什么有必要侵犯如此基本的自由。正如密尔（Mill 1963）在 19 世纪中叶提出的观点，在涉及强制时，举证责任应该由那些主张限制或禁止的人来承担，而不是那些捍卫其消极自由的人。在侵犯隐私、执法或家长式限制行动的情况下，限制者有责任证明存在相当大的伤害风险（密尔），或者存在比自由更重要的其他原则（如公正）——无论是在一般情况下还是特定情况下。而当技术出错（如导论中提到的错误匹配的案例）或技术本身造成伤害时，证明这种使用和干预的合理性就变得更加困难了。例如，人脸识别可能导致不合理的逮捕和监禁，或者机器人在限制他人时可能会造成伤害。此外，除了功利主义和更普遍的结果主义框架之外，我们还可以从义务论的角度强调自由权，例如国家和国际宣言中规定的自由权。

然而，考虑到这些技术产生（非预期的）有害影响的案例，显然除了自由之外还存在着更多的危险。自由与其他政治原则和价值之间存在着紧张与权衡。消极自由非常重要，但可能其他政治和道德原则也非常重要，而且他们（应该）在特定案例中发挥作用。我们并不总是清楚哪项原则应当优先。例如，为了防止某种特定的伤害（如从窗户坠落）而限制一个小孩的消极自由是合理的，这一点可能非常清楚，但对于一个患有痴呆症的老年人或者被认为是“非法”居住在某个国家的人来说，这种对自由的限制是否合理就不那么清楚了。为了保护其他人的消极自由和其他政治权利而限制一个人的消极自由（例如通过监禁的方式）是否合理呢？

应用密尔的伤害原则（harm principle）也是出了名的困难。在一个特定的案例中，究竟什么构成伤害，谁来界定对谁造成了哪种伤害，谁的伤害更重要？到底什么才算对消极自由的限制？例如，考虑一下在新冠疫情大流行期间，在特定场所戴口罩的义务引发了关于这些问题的争议：谁需要更多保护以免受伤害（风险），戴口罩剥夺了消极自由吗？这些问题也与人工智能的使用相关。例如，即使某项人工智能技术在工作中不会出错，但机场安检程序中的扫描和人脸识别本身是否侵犯了我不受干涉的自由？用手搜查是否也是一种侵犯，如果是，是否比扫描器的侵犯更大？人脸识别错误本身是否构成伤害，还是取决于安保人员的潜在伤害行为？如果所有这一切都以恐怖主义风险为理由，那么这种小概率（但影响大）的风险，是否就能证成当我跨越边境时有理由采取干涉我的消极自由的措施，就能证成我遭受技术带来的新风险，包括由于技术错误而剥夺我的消极自由的风险？

人工智能与人类行为的操纵：规避人类的自主性

但是，如果这些问题涉及消极自由，那么什么是积极自由呢？

积极自由有多种定义方法，但伯林定义的一个核心含义与自主或自治（autonomy or self-governance）有关。这里的问题是，你的选择是否真的是你的选择，而不是别人的选择。伯林（1997）写道：

> “自由”这个词的“积极”意义源于个人想要成为自己的主人的愿望。我希望我的生活和决定取决于我自己，而不是任何形式的外部力量。……最重要的是，我希望意识到自己是一个有思想、有意志、积极主动的存在，对自己的选择负责，并能够根据我自己的想法和目的来解释自己的选择。

这种自由不是与监禁或阻碍意义上的干涉形成对比，而是与家长制形成对比：由别人来决定什么是对你最好的。伯林认为，专制统治者区分了高阶的自我（a higher self）和低阶的自我（a lower self），声称知道你的高阶自我真正想要什么，然后以那个高阶自我的名义压迫人民。这种自由并不存在外在限制或身体上的规训，它其实是对你的欲望和选择心理的干涉。

这与人工智能有什么关系呢？要理解这一点，不妨考虑一下“助推”（nudging）的可能性：改变选择环境，从而改变人们的行为。助推的概念利用了人类决策心理，尤其是人类决策中的偏差。塞勒（Thaler）和桑斯坦（Sunstein）（2009）提出了助推的方案以解决以下问题：不能相信人们会做出理性决定，相反其往往利用启发式和偏见来做出决定。他们认为，我们应该通过改变人们的选择环境，从而影响人们的决策，使其朝着预期的方向发展。与其强迫人们，不如改变他们的“选择架构”（choice architecture）。例如，我们不禁止人们购买垃圾食品，但是会在超市的显眼位置摆放水果。因此，这种干预是在潜意识中进行的；它针对的是我们与蜥蜴都具备的那部分大脑构造。现在，人工智能可以而且已经被用于这种助推了。例如，亚马逊（Amazon）会向我推荐它认为我应该购买的产品。同样，当声破天（Spotify）推荐特定音乐时，它似乎比我更了解我自己。这些推荐系统并不限制我对书籍或音乐的选择，而是根据算法建议的方向影响我的购买、阅读和收听行为，因此具有推波助澜的作用。政府也可以使用或鼓励同样的技术，例如引导人们的行为向更环保的方向发展。

这类干预措施不会剥夺人们的选择自由或行动自由，并不存在任何强迫。这就是为什么塞勒和桑斯坦将助推称为一种“自由主义的家长制”（libertarian paternalism）。它不违背人们的意愿。因此，它不同于德沃金（Dworkin 2020）所定义的典型的家长制：“国家或个人违背他人意愿，以被干涉者将获得更好的生活或免受伤害的主张作为理由或进行辩护，从而对他人进行干涉。”典型的家长制显然侵犯了消极自由，而助推则引导人们作出符合其最佳利益的选择，而不会像德沃金所描述的那样限制他们的自由。或者用伯林的术语来说：助推并不违反消极自由，因为其不存在外部限制。例如，政府想要促进公民的公共健康，可以要求烟草生产商在香烟包装上标明“吸烟有害健康”的警告，或者要求超市在收银台等醒目位置撤下香烟。这项政策并不禁止香烟，而是要求生产商和零售商采取助推措施，以影响人们的选择。与此类似，人工智能驱动的推荐系统不会强迫你购买特定的书籍或收听特定的音乐，但可以影响你的行为。

然而，尽管这并不威胁消极自由，因为没有人被迫去做什么或决定什么，但人工智能的助推却对积极自由构成了威胁。人工智能通过利用人们的潜意识心理来操纵他们，毫不尊重他们作为一个希望设定自己目标并做出自己选择的理性人。广告和宣传等潜意识操纵形式并不新鲜。但助推自诩是自由主义的，其在人工智能的加速作用下，很可能会产生无处不在的影响。助推可以由企业进行，也可以由国家进行，例如为了实现一个更好的社会。但是，与伯林（1997）的观点一样，人们可以认为，以社会改革的名义侵犯积极自由是有辱人格的："操纵人们，推动他们实现你（社会改革者）看到而他们可能看不到的目标，这是否定他们作为人的本质，把他们当作没有自己意志的客体，从而贬低了他们。"伯林认为，家长制是"对我作为一个人的侮辱"，因为它没有尊重我作为一个自主的人，我希望做出自己的选择、安排自己的生活。这一指控似乎也适用于所谓的"自由主义"家长制的助推，在这种情况下，人们甚至意识不到自己的选择受到了影响，比如在超市里购买商品时。

这就使得通过人工智能进行的助推至少是非常可疑的，而且——就像所有侵犯消极自由的行为一样——*初步看起来*就是不合理的（除非另有证明）。如果有人仍想以这种方式使用人工智能技术，他就必须提出比积极自由更重要的原则和利益。例如，我们可以说，一个人的健康和生命比尊重其自主权更重要，或者说，人类和其他物种的存续比那些不了解自己对气候的影响或不愿为解决这一问题贡献力量的人的积极自由更为重要。尽管人们认为对积极自由的侵犯可能比对消极自由的侵犯争议要小，但重要的是要理解这里的利害关系和风险：为了人们自身利益或社会利益把人当作操纵的对象（如抑制肥胖），无视他们自主选择和理性决策的能力，把他们当作达到目的（如达到气候目标）的手段，而这些目的是其他人（如政府、绿色改革者）独立于他们所设想的。目的（如良好的目标）何时以及为何能证明手段的合理性，如果有的话，如何证明这种贬低的合理性？谁来决定目标？

把人理解为主要或根本上是非理性的，且不容讨论，这也是一种对人性和社会非常悲观的看法，这与霍布斯（Hobbes）的政治哲学一脉相承。霍布斯（1996）的《利维坦》(*Leviathan*）写于17世纪中叶的英国，他认为自然状态是一种只存在竞争和暴力的恶劣状态。他认为，为了避免这种情况，需要一个政治权威——利维坦——来维持秩序。同样，自由主义家长制对于人们建立一个有利于自己和社会的社会秩序的能力持悲观态度。这种社会秩序必须通过操纵手段自上而下地强加于人，例如使用人工智能。其他政治哲学家，如18世纪的卢梭、20世纪的杜威和哈贝马斯，则对人性持更为乐观的看法，他们相信民主政治的形式，认为人们能够自愿地致力于共同利益，理性地进行讨论，并通过争论达成共识。根据这种观点，人既不应该被控制（限制消极自由、专制主义），也不应该被操纵（限制积极自由、家长制）；他们完全有能力克制自己，理性思考，超越自身利益，相互讨论什么对社会有益。这种观点认为，社会不是原子化个人的集合，而是以实现共同利益为目标的公民共和国。与其他捍卫哲学*共和主义*（philosophical republicanism）的人一样，卢梭（1997）回顾了古希腊城邦，认为共同利益可以通过积极的公民意识和参与来实现，公民应服从"公意"(general will)，形成一个平等的共同体。卢梭认为人应该*被迫自由*（forced to be free），即被迫"在听从[自己的]欲望之前，先要请教[自己的]理性"并服从公意，虽然这是一个臭名昭著（notorious）的观点，但他反对专制主义，总体而言他对人性的看法是乐观的：自然状态是好的并且早已具有社会性了。他还同意柏拉图（Plato）和亚里士多德（Aristotle）等古代哲学家的观点，即在个人层面上，通过运用理性和克制激情，自主意义上的自由是可以实现的，也是可取的（我们也可以在德性伦理学中找到这种观点）。根据这种理想，人工智能可以发挥什么作用，这仍然是一个悬而未决的问题。在第四章中，我将进一步概述关于民主的可能性和相关理想的不同观点，而在关于权力的第五章中，我将进一步阐述人工智能和自我建构。

对自我实现和解放的威胁：人工智能的剥削和机器人奴隶的问题

对自由的另一种威胁不是来自对个人消极自由的干涉，也不是来自助推，而是来自对一种不同的、关系性更强的自由的侵犯：在资本主义背景下其他人通过劳动进行压迫和剥削，甚至（公开地）通过强迫他人陷入奴役和支配的关系之中。虽然这可能涉及对个人消极自由的限制——当我是奴隶时，我当然不能做我想做的事，*甚至连我想做什么都不重要*，因为我首先就不被视为一个政治主体——虽然压迫也可能与侵犯积极自由（剥削）结合在一起，但这些现象也提出了有关*自我实现*、*自我发展和解放*的问题，并与公正和平等问题有关（另见下一章），这关乎人类*社会关系*的质量、劳动的价值及其与自然和自由的关系，以及如何构建社会的问题。这里所威胁的自由是一种关系性的自由，因为它不是关于内心欲望的管理，也不是关于将他人视为外部威胁，而是关于建立更好的社会关系和社会。

对于这种自由观念，黑格尔和马克思是灵感的源泉。黑格尔认为，通过劳动改造自然会带来自我意识和自由。这可以追溯到其《精神现象学》（*Phenomenology of Spirit*）中著名的主奴辩证法（master-slave dialectic）：主人依赖于自己的欲望，而奴隶则通过劳动获得自由意识。马克思借用了这一思想，即劳动带来自由。在他的手中，自由不再是一个个人主义的概念，即包括不受限制

（消极自由）或心理上的自主（积极自由）；而是一个更具社会性、唯物主义和历史性的概念。在黑格尔和马克思看来，自由是以社会互动为基础的，它与依赖性并不对立。劳动和工具扩展了我们的自由。这种自由是有历史的，它也是一部社会和政治史，（我们可以补充说）也是一部技术史。马克思认为，通过技术手段，我们可以改造自然，同时创造我们自己。通过劳动，我们发展了自己，锻炼了我们的人类能力。

然而，马克思也认为，在资本主义制度下，这已经变得不太可能，因为工人被异化和剥削。工人非但没有解放和实现自我，反而变得不自由了，因为他们与他们的产品产生了异化，与其他工人产生了异化，最终与他们自己产生了异化。马克思在《1844年经济学哲学手稿》(*Economic and Philosophic Manuscripts of 1844*)（1977，68–69）中写道，工人本身成了商品，成了他们生产的物品和占有这些产品的人的奴隶。工人们非但不是肯定自己，反而使自己的肉体受折磨，精神遭摧残，使劳动成为被迫的而非自愿的。当他们的劳动变成了"替他人服务的，受他人支配的，处于他人的强迫和压制之下的活动"时，他们与自己就产生了异化。在这种情况下，技术不仅不会带来自由，反而会成为异化的工具。与之相对，马克思认为，共产主义将实现人的自由，将（再次）被理解为自我实现和自由人的联合。

这种自由概念对人工智能和机器人技术意味着什么？

首先，人工智能及其所有者都需要数据。作为社交媒体和其他需要我们数据的应用程序的用户，我们就是生产这些数据的工人。福克斯（Fuchs 2014）认为，社交媒体和谷歌（Google）等搜索引擎不但没有带来解放，而是被资本主义殖民了。我们在为社交媒体公司及其客户（广告商）提供免费劳动：我们生产商品（数据）并将其出售给企业。这是一种剥削形式。资本主义要求我们不断工作和消费，包括使用电子设备生产数据。我们大多数人都生活在一个全天候的资本主义经济中；我们唯一能找到的“自由”就是睡觉（Crary 2014；Rhee 2018，49）。即使我们躺在床上，也会关注手机里的动态。此外，我们使用的设备往往是在“奴隶般的条件下”生产出来的（Fuchs 2014，120）。因为它们依赖于生产者的辛勤劳动，以及从矿石中提炼矿物质。人工智能服务也依赖于低薪工人，他们负责清理和标记数据、训练模型等（Stark，Greene，and Hoffmann 2021，271）。然而，根据马克思关于自由即自我实现的角度进行分析，我使用社交媒体的问题不仅在于我在从事免费劳动，其他人被剥削来满足我在社交媒体上的乐趣［这可以根据马克思《资本论》（*Capital*）中的政治经济学方法进行分析：工人创造的超过其自身劳动成本的价值被资本家占有］，还在于这并没有带来我的自我发展和自我实现，进而获得自由。相反，我自己成了一个对象：一个数据集合（另见第五章）。

其次，机器人是一种经常被用在自动化中的技术，其产生的影响可以用马克思关于人类自由的观念来描述。首先，机器人以机器的形式出现，助长了马克思所描述的异化现象：工人仅仅成为机器的一部分，失去了通过工作实现自我的机会。这种情况已经在工业生产中出现，不久可能会出现在服务业，例如零售业或餐饮业（如日本）。此外，正如马克思所描述的那样，使用机器不仅会导致恶劣的工作条件和工人的身心衰退，还会导致失业。使用机器人来取代人类工人，会产生一个失业阶层，他们只能出卖自己的劳动力（无产阶级）。这不仅对失去工作的人不利，还会降低仍在工作的人的工资（或将工资保持在法律允许的最低水平）。此外，有些人认为自己的工作被贬低了：他们的工作也可以让机器人来做（Atanasoski and Vora 2019，25）。其结果是在剥削和缺乏自我实现的机会的意义上是不自由的。

虽然如今人们普遍认为机器人和人工智能将可能导致失业问题（Ford 2015），但学者们对这些发展的预计速度和程度存在分歧。斯蒂格利茨（Stiglitz）等经济学家预测会出现严重混乱，并对转型的人力成本提出警告。例如，科里内克（Korinek）和斯蒂格利茨（2019）预测劳动力市场将受到严重破坏，导致更严重的收入不平等、更多的失业人数和更分裂的社会，除非个人对这些影响有充分的保险，并且有正确的再分配形式（如欧洲社会福利民主国家所特有的形式）。此外，人工智能所产生的社会经济后果在所谓的先进社会与全球南方之间可能会有所不同（Stark, Greenev, and Hoffmann 2021）。从马克思主义的观点来看，这些问题可以从平等的角度进行概念化，也可以从自我实现的自由的角度进行概念化。低工资和失业的坏处不仅是因为它们威胁到人们的实际生存，还降低了人们的政治自由度，因为他们无法实现自我。

针对这种观点，有人认为，机器将人类从肮脏、繁重、危险或枯燥的工作中解放出来，腾出时间休闲和实现自我。因此，人们欢迎因被机器取代而导致的失业，将其视为通往自由之路的一步。这并不像黑格尔和马克思那样将劳动视为通往自由的途径，而是采用了古代亚里士多德的观点，即自由就是将自己从生活必需中解放出来。根据亚里士多德的观点，忙于生活必需是奴隶的事情，而不是自由人的事情。然而，马克思主义者不仅不同意这种劳动观，而且指出亚里士多德的社会是建立在奴隶制基础之上的：政治精英只有通过剥削他人才能享受特权生活。通常所说的"休闲社会"的捍卫者可能会说，技术将终结人类的奴役，失业的后果可以通过社会保障体系来解决，例如通过全民基本收入来确保没有人会贫穷，包括那些因为机器而失业的人。但是马克思主义者可能会认为，人工智能资本主义实际上可能根本不再需要人类：在这种情况下，资本获得了"摆脱了阻碍其积累的人类这一生物屏障的自由"。（Dyer-Witheford，Kjøsen，and Steinhoff 2019，149）。

这些问题引发了更多的哲学问题。例如，从黑格尔的角度来看，人们可能会担心，如果所有的人类都成了主人（机器的主人），他们就会缺乏自我实现的机会，只能任由欲望摆布，届时可能会被资本家操纵和剥削。主人反过来又会成为被剥削的消费者：一种新的、不同类型的奴隶。在某种程度上，今天的情况似乎已经如此了。正如马尔库塞（Marcuse 2002）所言，消费社会带来了新的统治形式。主人不仅依赖于他们所控制的机器，作为消费者，他们也再次受到支配。此外，考虑到"主奴辩证法"，一旦机器取代了奴隶，主人（在这种情况下是我们所有人）就再也没有机会得到认可，他们不可能从机器那里得到认可，因为这些机器缺乏必要的自我意识。因此，如果黑格尔认为主人依赖奴隶才能得到认可是正确的，那么问题就在于，在这里主人根本得不到认可。换句话说，在一个由人类主人和机器人奴隶组成的社会中，作为主人的消费者根本没有自由，更糟糕的是，他们甚至没有机会获得自由。作为奴隶一般的消费者，他们在资本主义制度下受到支配和剥削。作为机器的主人，他们得不到认可。正如我在早先关于这一主题的著作中所强调的那样，他们也变得高度依赖技术，从而变得非常脆弱（Coeckelbergh 2015a）。

但是，为什么要从主人和奴隶的角度来思考问题呢？一方面，从马克思主义甚至更普遍的启蒙观点来看，用机器人取代人类奴隶或工人可以被视为一种解放：人类不再被卷入这些剥削性的社会关系之中。另一方面，从仆人或奴隶的角度来思考，即使是机器人，似乎也有问题。拥有机器人奴隶是可以的吗？从主人和奴隶的角度来*思考*社会是可以的吗？这不仅仅是关于思考的问题。如果我们用机器取代人类奴隶，那么我们的社会结构仍然是以奴隶制为基础的社会，尽管其中的奴隶是人造的：一个网络版的古罗马或古希腊城邦国家。这并不违反《世界人权宣言》第4条，因为该条只适用于人类（它是涉及人权），而机器人并不是人类意义上的奴隶，因为它们缺乏意识、知觉、意向性，等等。但是，机器人取代人类仆人或奴隶的设想，仍然反映了主奴思维和等级森严的“剥削性”主奴社会。错误的是，这些技术所帮助维护的社会关系和社会类型（第三章将进一步论证）。

现在，我们可以试图绕过这些问题，认为这与自由无关，而是与其他问题有关。压迫、剥削和奴役的问题不是*自由*问题（至少如果我们以个人主义和前面章节中阐述的更加形式的方式来理解自由的话），而是*公正*或*平等*的问题。根据这种观点，问题并不在于人工智能和机器人威胁到了自由，而是我们生活的社会从根本上说是不平等或不公正的，而我们有可能通过人工智能和机器人来维持或加剧这些不平等和不公正。例如，如果我们用机器取代工人来“解放”他们，却不改变我们现有的社会结构（通过全民基本收入或其他措施），那么我们很可能会制造更多的不平等和不公正。我们需要更多的公开讨论，探讨我们拥有什么样的社会，想要什么样的社会。平等和公正等政治哲学概念和理论可以对此有所帮助。例如，与当前的社会保障制度一样，全民基本收入反映了一种特定的分配正义和公平正义观念。但究竟是哪一种呢？在第三章中，我将阐述一些关于公正的观念。

不过，从自由的角度来讨论这些问题也很有意思。例如，在《人人享有真正的自由》（*Real Freedom for All*）（1995）一书中，范·帕里斯（Van Parijs）基于公正、平等和*自由*的理念，为人人享有无条件的基本收入辩护。他认为，自由不是做自己想做的事的形式权利（这通常是自由主义者的自由概念，如哈耶克），而是做自己想做的事的实际能力。因此，自由是根据机会来定义的。就机会而言，拥有更多优势（如获得更多资产）的人比其他人更自由。无条件的收入将使最不具优势的人在这种机会意义上更加自由，同时尊重其他人的形式自由，从而为所有人创造自由。此外，每个人都可以根据自己善的观念来使用这些机会。自由主义者应该（在法律允许范围内）对人们善的观念保持中立。举一个范·帕里斯自己的例子：如果人们想花很多时间冲浪，这很好；他们有机会这样做。他称之为"真正的自由主义"。根据这一观点，人们可以说，当机器取代人类的工作时，全民基本收入不仅是创造更多公正和平等的一种方式，也是尊重和促进所有人的自由的一种方式。人们可以工作，也可以冲浪，或者两者兼而有之；他们将拥有机会自由意义上的真正自由。

然而，正如有关全民基本收入的讨论所表明的那样，人工智能和机器人技术的政治和社会维度上还有许多超越自由的问题需要讨论。我们还需要讨论平等和公正，以及人工智能和机器人技术如何使现有形式的偏见和歧视永久化或加剧（见第三章）。

谁来决定人工智能？
参与自由、选举中的人工智能和言论自由

自由的另一个含义是*政治*参与。同样，这一思想有着古老的

渊源，具体地说是源自亚里士多德。正如阿伦特在《人的境况》（*The Human Condition*）（1958）一书中所解释的，古人的自由不是选择自由的自由，而是政治行动的自由，她将其与“积极生活”（vita activa）（劳动和工作）中的其他活动区分开来。根据哲学共和主义，一个人只有通过政治参与才能行使自由。虽然对古希腊人来说，这种自由只属于精英阶层，而且事实上是建立在对那些劳动人民的奴役之上的，因此他们剥夺了劳动人民的政治自由。但政治参与自由这一理念在现代政治哲学史上具有重要意义，并启发了人们对民主的一些重要解释和理想（见第四章）。正如我在本章前文中所述，政治参与自由这一理念的一个著名的当代表述来自卢梭，他早在康德（Kant）之前就认为，自由意味着给自己制定规则。这种自我统治可以被解释为个人自主（见上文关于“助推”的部分），但卢梭也赋予了自我统治以政治含义：如果公民自己制定规则，他们就是真正的自由，而不是受制于他人的暴政。无论卢梭对“公意”的进一步思考如何引起争议，政治参与是而且应该是自由民主的一部分这一观点却已深入人心，并影响着我们今天许多人对民主的看法。

作为自我参与的自由观念对于人工智能和机器人的自由问题意味着什么？根据这一观念，我们可以就人工智能和机器人技术的政治问题提出一些规范性论点。

首先，关于技术及其使用的决定往往不是由公民作出的，而是由政府和企业作出的，包括政治家、管理者、投资者和技术开发者。人工智能和机器人技术也是如此，它们往往是在军事背景（政府资助）和科技公司中开发出来的。基于政治参与自由的理想，人们可以对此提出批评，并要求公民参与有关人工智能和机器人的公共讨论和政治决策。虽然人们也可以根据民主原则提出这一论点，但从哲学共和主义的角度来看，这可以在自由的基础上得到合理解释：如果自由意味着政治参与和政治自治，那么目前公民对技术的使用和未来几乎没有或根本没有影响力的状况，实际上使他们处于不自由和专制的状态。公民在这些决策方面缺乏自治。以参与自由的名义，人们应该要求对我们的技术未来作出更加民主的决策。

此外，除了要求改变通常的政治制度外，人们还可以要求创新过程本身应考虑作为利益相关者的公民及其价值观。过去的十年间，人们一直在争论负责任的创新和对价值敏感的设计（Stilgoe，Owen，and Macnaghten 2013；van den Hoven 2013；von Schomberg 2011）：其理念是将社会参与者纳入创新过程，并在设计阶段考虑伦理价值。但这不仅是一个道德责任问题：基于自由即参与的理想，我们也可以将其视为一种政治要求。自由不仅是指我作为技术用户或消费者的选择自由——将我使用的技术视为既定事实，还包括我参与有关我所使用的技术的决策和创新过程的自由。行使这种自由尤为重要，因为正如技术哲学家们不断强调的那样，技术会产生意想不到的影响，并塑造我们的生活、社会和我们自己。如果说作为自治的自由是一项重要的政治原则，那么对于人工智能等技术而言，重要的不仅是我作为用户和消费者在使用技术方面获得个人自主权（和责任），而且我作为公民在有关技术的决策方面也要拥有发言权和政治责任。如果缺乏这种参与自由，那么人工智能和机器人技术的未来——也是*我的*未来——仍然掌握在技术官僚政客和专制的首席执行官、所有者和投资者手中。

其次，即使作为政治的参与者，我们也有可能受到人工智能的操纵。人工智能在竞选活动和整个政治生活中发挥着越来越大的作用。例如，有证据表明，唐纳德·特朗普（Donald Trump）在2016年的总统竞选中，人工智能被用来操纵公民（Detrow 2018）：数据科学公司剑桥分析（Cambridge Analytica）根据对选民心理的分析，利用他们在社交媒体上的行为、消费模式和人际关系等数据，针对个别选民精准投放广告。而脸书和推特（Twitter）等社交媒体上的机器人伪装成人类账号，可以用来向特定人群传播错误信息和假新闻（Polonski 2017）。这不仅是民主的问题（见第四章），也是自由的问题。它涉及对自主意义上的自由的威胁和监控问题，同时也影响到政治参与自由。

但是，操纵问题不仅是指狭义的政治操纵，即在通常情况下在政治环境中出于政治目的的操纵。当我们在工作和家庭中无处不在地使用智能设备时，我们正越来越多地在智能环境中工作，在这种环境中，自动智能体建构了我们的选择环境。希尔德布兰德（Hildebrandt 2015）认为，这与支配我们心率的自主神经系统类似：与自主神经系统调节我们的内部环境（我们的身体）类似，自主计算机系统现在可以调节我们的外部环境，“以便做它认为对我们自身福祉必要或可取的事情”。而这一切都发生在我们意识不到的情况下，就像我们无法知道我们的生命机能究竟是如何被控制的一样。这对自主意义上的自由和整个社会来说都是一个问题，因为“社会环境不再是通过人与人之间相互期望而形成，而是完全由数据驱动的操纵目标来驱使”（Couldry and Mejias 2019，182）。但这也促使我们思考我们想要和需要什么样的政治参与。从技术逻辑上讲，我们如何才能（重新）获得对发生在我们身上和我们所处环境的更多控制权？我们如何才能获得哲学共和主义和启蒙思想所提出的自我统治？

在第四章中，我将进一步论述参与式民主，但关于自由，我们可以说，政治参与自由的一个条件是教育。卢梭不会为我们这种政治参与与教育脱钩的政治制度辩护；相反，他像柏拉图一样提出了公民的道德教育。对卢梭来说，这是我们实现政治参与自由理想的唯一途径。如果认为公民唯一需要做的事情就是每隔四五年投一次票，而在其余时间里，他们只能随心所欲地在社交媒体中寻找自我，那么他会对此表示反对。他和其他启蒙思想家也会对以下观点感到震惊，即在公共行政“以客户为导向”（Eriksson 2012，691）的“自助政府”和电子政务中，公民是一种消费者，甚至是“公共服务”的共同生产者——尽管后者肯定是参与式的，并赋予公民更积极的角色。相反，卢梭与柏拉图一样，认为教育应使人们少一些利己主义，多一些同情心，少一些对他人的依赖，从而获得道德尊严和尊重，正如登特（Dent 2005, 150）所说，“在相互关系中充分展现人性”。这种道德和政治教育将引导公民服从公意，即他们将“做一个有道德的人想做的事”。这种政治自由的理想是建立在教育基础上的道德自由，它受到了由操纵和错误信息主导的公共领域的威胁，而人工智能在创建和维护这样一个领域中发挥了作用。

这就引出了这一领域中另一个与自由相关的重要问题：社交媒体是否应该受到更严格的监管或自我监管？为了创造更高质量的公共讨论和政治参与，是否应该以牺牲一些消极自由为代价？或者说，被理解为“想说什么就说什么”的意见自由和*言论自由*形式的消极自由，比作为政治参与和政治行动的自由更重要？传播错误信息和仇恨到底算不算一种政治参与和政治行动？这是否可以被接受，因为它尊重了消极自由（言论自由）；还是说其与自由背道而驰，因为它可能导致极权主义（因而缺乏消极自由）以及政治自由的堕落？根据亚里士多德和卢梭的观点，我们可以支持后一种观点，批评自由主义观点（或至少是他们对自由主义的解释）。我们认为言论自由并不包括发表旨在破坏民主的言论自由，公民应该接受教育成为更有道德的人，并以实现其人性的方式参与政治。由此，第一个论点作为限制言论自由的理由在我们当前的民主政体中已经非常成熟，而第二个论点——公民的道德教育和政治参与——则更具争议性。这需要对以人工智能和其他数字技术为媒介的公共领域进行监管，同时对教育和政治机构进行实质性改革。

对言论自由的限制可以由人类施加，也可以由人工智能施加。推特等数字社交媒体平台，甚至传统媒体（如报纸的在线论坛）都已将人工智能用于所谓的“内容审查”（content moderation），即自动检测可能有问题的内容并自动删除或降级这些内容。这可以用于阻止那些被视为有问题的观点或删除那些用来对受众进行政治操纵的错误信息和假新闻（如文字或视频的形式）。针对这种人工智能的使用，人们可能会问，这种评价的准确性如何（与人类评价相比），以及人类评价是否正确。还有人担心，如果缺少了人类的判断，就会放任人工智能用于传播错误信息，而编辑决策的自动化也会引发问责问题（Helberg et al. 2019）。

但究竟缺少了什么呢？这个问题涉及关于人类判断与人工智能“判断”的大讨论，我们现在可以通过对*政治*判断的讨论来探讨这个问题。例如，阿伦特［对康德美学理论（interpreting Kant’s aesthetic theory）的诠释］认为，政治判断与“*共通感*”（sensus communis）或常识（common sense）有关，与拥有一个共同的世界（共享一个世界）有关，也与运用想象力去理解他人的立场有关。她还提到亚里士多德的 phronesis 通常被理解为*实践智慧*（practical wisdom）。这一概念在美德伦理学中广为人知，其关注人的道德品质和习惯，并被用于对机器人技术的思考（例如，Coeckelbergh 2021；Sparrow 2021），但在阿伦特的著作中，这一概念也发挥着政治作用。她认为，政治判断需要深思熟虑和想象力。或许政治判断也包含情感因素，正如受阿伦特影响的阿维茨兰（Aavitsland 2019）所论证的——这一观点触及了关于理性和情感在政治中的作用的长期讨论。试想，人工智能缺乏意识，也不属于任何意义上的“世界”，不具备任何主体性，更不用说主体间性、想象力、情感等，那么它怎么可能获得这种政治判断能力呢？另外，人类的政治判断能力有多强？很显然，他们往往无法行使这种常识、政治想象力和判断力，除了维护私人利益之外，就裹足不前了。此外，与阿伦特相反，那些持有理性主义和自然主义判断观念的人可能会认为，人工智能可以比人类做得*更好*，可以提供更加“客观”的判断，不受情感和偏见的影响。一些超人类主义者讨论了这种人工智能从人类手中接管权力的情景，认为这将是智能发展史上的下一步。但是，客观或无偏见的判断到底有没有可能？毕竟，人工智能有时也会有偏见——如果不总是这样的话。我将在下一章再讨论这个问题。当然，和人类一样，人工智能也会犯错：我们是否愿意接受这一点，无论在政治领域，还是在医疗领域（如诊断、疫苗接种决定）或在道路上（如自动驾驶汽车）？无论如何，在某些情况下，人工智能可以通过显示数据中的模式以及根据概率计算提供建议和预测来帮助人类作出判断，这是一回事；而声称人工智能的所作所为构成了判断，则是另一回事。

然而，就本章的主题而言，这里要讨论的主要问题与自由有关：人工智能对内容的审查是否构成对言论自由的损害，以及这种做法是否合理？对此有许多警告。兰索（Llansó 2020）认为，“无论机器学习如何进步，过滤内容都是对表达自由的威胁”，因此也是对人权的威胁。例如，一些人权倡导者呼吁关注人工智能的影响，在联合国层面，一位言论自由问题特别报告员运用人权法，评估了那些对数字平台上内容进行控制和管理的人工智能对言论自由的影响（UN 2018）。该报告与《世界人权宣言》第19条相联系。除了借鉴狭义表达自由的言论自由原则外，人们还可以认为，人们有知情权和讨论权。例如，联合国教科文组织（UNESCO）声称要促进“通过文字和图像自由交流思想”（MacKinnon et al. 2014，7）。

在自由民主社会中，自由讨论和思想交流尤为重要。人们可以运用政治哲学与密尔提出相同的观点，即剥夺言论自由有可能扼杀思想辩论。在《论自由》(*On Liberty*）中，密尔为自由表达意见辩护的理由是，如果不这样做，我们就会陷入“思想绥靖”（intellectual pacification），而不是敢于将论点推向其逻辑极限的思想。然而，在密尔看来，意见自由并不是绝对的，从这个意义上说，应该防止人们对他人造成伤害（著名的伤害原则）。在英语国家的自由主义传统中，这通常被解释为对个人权利的伤害。在密尔看来，这就是不伤害其他个人，最终实现个人幸福的最大化。然而，在哲学共和主义的传统中，问题的关键并不在于会对个人造成伤害。问题在于，仇恨言论、操纵和误导会危及政治参与和政治自我实现的自由、人的道德尊严和共同利益。因此，所造成的伤害是对政治本身造成的可能性的伤害。这种哲学共和主义似乎至少在一个面向上与密尔的论证相吻合：言论自由的意义不在于表达本身，而在于政治*论证*和*思想*辩论。*这*才是应该受到尊重的自由。如果我们允许言论自由，我们实质是在尊重人的尊严，并且（我们可以从共和主义的角度补充）促进讨论，从而实现共同利益和进一步实现人性。

密尔认为，讨论将形成真理。他认为，为了通过辩论找到真理，言论自由是必要的。真理是宝贵的，人们可能是错的，每个人都会犯错。思想的自由市场会增加真相浮出水面的机会，教条式的信仰有可能受到挑战（Warburton 2009）。然而，操纵、误导和反民主宣传并不能实现这些目标。它们既不会带来良好的政治辩论（密尔所认为的我们想要的那种政治参与），也不会支持自由主义的启蒙运动和共和主义的道德与政治进步的目标。如果人工智能的使用会导致公共领域变得很难实现这些目标，那么人工智能要么就不应该在这一领域使用，要么应该以支持而不是破坏这些政治理想的方式加以规范。

但是，如果要进行这样的监管，仍然很难明确规定由谁来监管谁，以及需要制定哪些保障自由的措施。关于社交媒体的作用有很多讨论。一方面，以脸书和推特等公司为代表的大型科技公司决定对谁进行审查以及何时审查，这可能被视为不民主；更广泛地说，人们质疑它们为何拥有如此大的权力。例如，人们可能会问，既然这些平台、基础设施和出版商在当今民主社会中发挥着重要作用，为什么还要掌握在私人手中？由于它们主导了媒体格局，压倒了公共广播服务（最初是为了通过教育支持民主而设立的）和传统媒体，它们已经扮演了重要的政治角色。从这个角度看，监管是最起码可以做的事情。另一方面，如果政府扮演审查者的角色，这是否合理？它应该使用什么确切的标准？民主政府通常会对言论自由施加限制，但作为哲学家，我们必须质疑这一角色的合法性和所使用的标准。如果政府被一个反民主政权接管了呢？如果我们现在任由言论自由受到侵蚀，这将使专制政权更容易摧毁民主。

还要注意的是，报纸和电视等传统媒体，至少或多或少是具有独立性的高品质媒体，都已经不得不在言论自由与审查之间寻求平衡，以便促成良好的讨论。然而，无论是推特这样的私营社交媒体公司，还是传统的老牌报纸，这种节制和审查的*目的*、*原因*、*方式*和*对象*都不完全透明：我们往往不知道哪些声音没有被听到，这一决定的理由是什么（如果有的话），遵循什么程序（如果有的话），以及谁是版主和审查员。此外，我们还看到，如今国家新闻媒体也像脸书和推特一样，越来越多地使用自动内容审查功能。这就引发了类似的言论自由问题以及公平问题。尽管今天大多数人似乎认为不存在绝对的言论自由，并*在事实上*接受一些审查，但在自由以及其他价值观和原则方面仍然存在严重问题。

例如，当代批判理论批评了古典自由主义哲学将言论自由与作为免受干涉的消极自由联系起来的做法，认为这种做法忽视了结构性不平等、权力、种族主义和资本主义（另见第三章）。蒂特利（Titley 2020）分析了极右翼政治如何操弄言论自由传播种族主义思想，以及肤浅的言论自由观念如何忽视了不同发言者之间的结构性不平等。除了假新闻现象，这也有助于解释为什么在美国当前的政治背景下，许多自由主义者要求脸书和推特等公司对仇恨言论、种族主义思想和错误信息等言论实施更多的监管和限制，并认为对言论自由的呼吁*先验地*存在问题。对此，有人可能会说，言论自由原则本身并没有问题。但这些问题表明，我们需要一种不同的、更加丰富的言论自由观念，尤其是在数字通信时代：一种更具包容性的、促进真理的、多元主义的和批判性的观念，并将当代政治思想的经验教训纳入考量，同时仍保留密尔某些方面的观点，如自由思想辩论的信念。然后，我们需要进一步讨论在自动化新闻、人工智能审查和假新闻（包括假视频和人工智能的其他生成物）时代，言论自由意味着什么。

其他与政治相关的自由观念和其他价值

还有更多的自由观念受到人工智能的影响。例如，博斯特罗姆（Bostrom）、索格纳（Sorgner）和桑德伯格（Sandberg）等超人类主义者（见第六章）提出在传统的个人自由权利之外增加“形态自由”（morphological freedom）。这种观点是，通过先进的技术——人工智能，但也包括纳米技术、生物技术等——我们将能够超越目前的生物限制，重新形塑人类形态，并控制我们自身的形态（Roden 2015）。这既可以理解为人类整体层面的自由，也可以理解为个人的自由。例如，桑德伯格（2013）认为，改造自己身体的权利对于任何未来的民主社会都至关重要，因此应将其视为一项基本权利。我们也可以用类似的论点来论证改变个人思想的权利，例如借助人工智能。在这里，需要根据新技术的发展重新审视和讨论的与其说是传统的自由观念，不如说是新技术赋予了我们一种新的自由，而这种自由是我们以前所没有的。不过，请注意，这种自由仍然非常接近于古典的自由主义观念，即自主意义上的自由（积极自由），特别是不干涉（消极自由）：其理念是由我而不是他人来决定我的生活、身体和思想。

总之，马克思和当代批判理论以及受亚里士多德哲学启发的哲学共和主义，都对古典自由主义和当代自由主义的观点——自由主要是指不受他人干涉、与他人分离，以及（仅仅）以心理方式定义的个人自主——提出了挑战。相反，他们捍卫的是更具关系性和政治性的自由观念，根据这种观念，只有当我们意识到自己是政治存在，成为实现自我统治的平等政治共同体的一部分，并为这种平等、包容和参与创造条件时，我们才能获得真正的自由和解放。这种方法使我们能够提出这样一个问题：人工智能（及其人类用户）在阻碍或促进实现这种自由和政治观念及其条件方面的作用是什么？此外，这些思考方向都以自己的方式质疑整个社会的引导和组织，而不是关注对个人本身的伤害。尽管免于干涉和行使个人内在自主权被滥用，但它们仍然是当今自由民主国家的重要原则和价值观，而上述哲学则提供了一个有趣的替代框架，用以讨论人工智能和机器人技术会带来或威胁什么样的政治自由，以及我们想要什么样的政治自由和社会。

然而，自由并不是人工智能政治中唯一重要的东西。正如我已经提出的，自由还与其他重要的政治价值、原则和概念相关，如民主、权力、公正和平等。例如，托克维尔（Tocqueville 2000）在19世纪30年代写道，自由与平等之间存在权衡（trade-off）和根本性的紧张关系；他警告说，过于平等会导致多数人的暴政。相比之下，卢梭则认为两者是相容的：他的政治自由理想建立在公民道德和政治平等的基础上，同时也要求一定程度的社会经济平等。在当代政治哲学和经济思想中，诺齐克（Nozick）、哈耶克、伯林和弗里德曼（Friedman）等自由主义者遵循权衡的观点，并且认为自由需要得到保护；而哈贝马斯、皮凯蒂（Piketty）和森（Sen）等思想家则认为，过多的不平等会危及民主，而民主*既*需要自由，*也*需要平等（Giebler and Merkel 2016）。第三章将重点讨论平等与公正原则，并讨论它们与人工智能政治的相关性。

第三章　平等与公正：人工智能的偏见与歧视

导言：偏见与歧视是平等和公正问题的焦点

数字技术和媒体不仅影响自由，也影响平等（equality）与公正（justice，又译“正义”）。梵·迪克（Van Dijk 2020）认为，网络技术在提高生产和分配效率与效益的同时，也导致了不平等的加剧：“在全球范围内，它促使各国综合和不平衡的发展……就当地而言，它推动形成了与全球信息基础设施直接相关的地区与那些不相关的地区之间的二元经济。”经济发展的这种差异造成了社会发展的不同“速度”。一部分人和国家从这些技术和媒体中比其他国家获益更多；这种批评也适用于人工智能。正如前一章所述，机器人技术中的人工智能可能会造成失业，从而加剧不平等。至少从 18 世纪末开始，自动化的发展就一直在进行。人工智能是这场自动化革命的下一步，它为少数人（人工智能和机器人技术的拥有者）创造了利益，而给多数人带来了失业的风险。这不仅是自由和解放的问题，也是不平等的问题。正如我们已经看到的，斯蒂格利茨等经济学家对收入不平等和社会分裂的加剧提出了警告：人工智能会影响整个社会。除非采取措施减少这些影响——例如，皮凯蒂及其同事建议对超过一定（高）门槛的人群征收高税收（Piketty，Saez，and Stantcheva 2011）；还有人建议普及基本收入——否则将产生严重的不平等和贫困等结果。

一个经常与人工智能具体相关并引发平等和公正议题的问题是偏见。与所有技术一样，人工智能也会产生开发者无意造成的后果。其中一个后果是，机器学习形式的人工智能可能会引入、保持和加剧偏见，从而使特定个人或群体处于不利地位并受到歧视，例如以种族或性别界定的人。偏见可能以各种方式产生：训练数据、算法、算法应用的数据以及技术编程团队都可能存在偏见。

一个著名的案例是COMPAS算法，这是美国威斯康星州在决定缓刑时使用的一种风险评估算法：用计算机程序预测再犯风险（再犯倾向）。一项研究（Larson et al. 2016）发现，COMPAS对黑人被告的再犯风险预估高于实际情况，而对白人被告的再犯风险预估则低于实际情况。据推测，该算法是根据过去的判决数据进行训练的，因此再现了历史上的人为偏见，甚至加剧了这种偏见。此外，尤班克斯（Eubanks 2018）认为，人工智能等信息科技和“新数据机制”对经济平等和公正产生了不良影响，因为它们往往不能使穷人和工人阶级受益或增强他们的能力，反而使他们的处境更加艰难。新技术被用于操纵、监控和惩罚穷人以及弱势群体，例如以自动决策的形式决定领取福利的资格及其后果，从而导致“数字济贫院”（digital poorhouse）。通过自动化决策和数据预测分析，穷人被管理、被道德化，甚至受到惩罚：“数字济贫院阻止穷人获得公共资源；对他们的劳动、消费、性行为和养育子女进行管理；试图预测他们未来的行为；并对不遵守其规定的人进行惩罚和定罪。”正如尤班克斯认为，这不仅破坏了自由，还造成并维持了不平等。一些人——穷人——被认为经济或政治价值较低。除了这些问题之外，在获取和使用网络信息方面也普遍存在不平等现象（即所谓的“数字鸿沟”）。例如，较少的互联网接入导致“较少的政治、经济和社会机会”（Segev 2010，8），这也可以被视为一个偏见问题。尤班克斯（2018）的分析还表明，数字技术的使用与特定的文化有关，在这个案例中体现了美国文化中“对贫困的惩罚性和道德化的观念”。而在政府使用人工智能中实行，则助长了偏见的持续。

但人工智能中的不平等和不公正问题，除了在司法系统、警务和社会福利管理等国家机构之外，也会出现在数据科学的应用之中。例如，一家银行需要决定是否发放贷款：它可以通过算法来自动作出决定，算法会根据申请者的财务和就业历史以及邮政编码等信息和以往申请者的统计信息来计算金融风险。如果拥有特定的邮政编码与不偿还贷款之间存在统计相关性，那么居住在该地区的人可能不是根据对其个人风险的评估，而是根据算法发现的模式而被拒绝贷款。如果个人风险很低，这似乎是不公平的。此外，该算法可能会重现银行经理之前作出决定时的无意识偏见，例如对有色人种的偏见。针对自动信用评分的情况，本杰明（2019b，182）警告说，"'评分社会'（the scored society）中，以某种方式被评分是不平等设计的一部分"；分数较低的人会受到惩罚。或者，举一个性别领域的（非标准）例子，根据性别与事故之间的相关性，算法决定年轻男性驾驶员的车祸风险更高，那么是否每个年轻男性驾驶员都必须支付更多的汽车保险，仅仅因为他是男性，即使特定个人的风险可能很低？有时，数据集也是不完整的。例如，一个人工智能程序是在缺乏足够多的女性数据的数据集上进行训练的，尤其是有色人种女性、残疾女性和工薪阶层女性。正如克里亚多·佩雷斯（2019）所言，这是一个令人震惊的偏见和性别不平等的案例。

即使是对我们大多数人来说非常普通的事情，比如使用基于人工智能的搜索引擎，也可能存在问题。诺布尔（2018）认为，谷歌等搜索引擎强化了种族主义和性别歧视，这应被视为"算法压迫"（algorithmic oppression），它源于人类作出的决定，并由企业控制。她声称，算法和分类系统"嵌入"并影响着社会关系，包括地方和全球的种族权力关系。她指出，企业从种族主义和性别歧视中赚钱，并提请人们注意非裔美国人在身份、不平等和不公正方面受到的影响。例如，谷歌的搜索算法曾将非裔美国人自动标记为"猿"，并将米歇尔·奥巴马（Michelle Obama）与

“猿”一词联系在一起。诺布尔认为，这些案例不仅具有侮辱性和攻击性，还“展示了种族主义和性别歧视是如何成为技术架构和语言的一部分”。问题的关键并不在于程序员有意使用这种偏见编码。问题在于，他们（以及算法的使用者）假定算法和数据是中立的，而各种形式的偏见却可能存在于其中。诺布尔警告说，不要将技术过程视为是非语境化的（decontextualized）和非政治化的（apolitical），这种观点只符合一种个人在自由市场中作出自己选择的社会观念。

因此，问题不仅仅在于特定的人工智能算法在特定情况下存在偏见并产生特定后果（例如，通过记者施加政治影响，而记者也使用谷歌等搜索引擎；参见 Puschmann 2018）；主要问题在于，这些技术与社会中现有的等级结构以及助长这些结构的有问题的观念和意识形态相互作用，并为其提供支持。虽然用户没有意识到这一点，但这些技术却支持着特定的社会、政治和商业逻辑，并以特定的方式界定世界（Cotter and Reisdorf 2020）。就像线下分类系统反映了社会中最强大的话语一样（Noble 2018，140），人工智能可能因此导致思想边缘化以及对人的歧视和压迫。更有甚者：通过其范围和速度，它可以极大地放大这些现象。诺布尔指出，与其他数字技术一样，人工智能也“卷入”了争取“社会、政治和经济平等”的斗争中。社会不平等和不公正已经存在，有时还在加剧，而且有些话语比其他话语更有权力，拥有更多权力的人以特定的方式代表受压迫的人。

由于这种紧张关系和斗争，有关人工智能与偏见、歧视、种族主义、公平、公正、性别歧视、（不）平等、奴役、殖民主义、压迫等问题的公开辩论，往往会在特定背景下（如美国有关种族主义的辩论）引发或很快成为高度两极分化的意识形态辩论。此外，尽管计算机科学家和科技公司一直专注于偏见和公正的技术定义，这是必要的，但不足以解决所有的社会技术问题（Stark，Greene，and Hoffmann 2021，260–261）。如前所述，诺布尔、尤班克斯和本杰明等研究人员已经正确地指出了更大范围的偏见和歧视问题。

然而，作为哲学家，我们必须问一问，在这些关于人工智能偏见的公开讨论、技术实践和通俗读物中使用的规范性概念意味着什么？例如，我们必须问一问公正或平等的含义是什么？因为这决定了对涉及人工智能案例的问题的回答。在某一特定案例中，是否有什么地方错了？如果错了，那到底*为什么*错了，我们能做什么，应该做什么，*目标*是什么？为了证明我们的观点是正确的，解释有效的论据，并更好地讨论有偏见的人工智能，我们（不仅是哲学家，还有公民、技术开发者、政治家等）必须对概念和论据进行研究。本章表明，特别是政治哲学中的一些概念和讨论，可以为此提供很大的帮助。

首先，我将概述英语世界的情况。本章将从关于平等与公正的政治哲学讨论中，揭示人工智能产生的偏见与歧视可能存在的问题。我会问，这里涉及的是什么样的平等与公正，以及我们想要什么样的平等与公正。我希望读者思考平等与公正的不同概念。然后，我将转向对这些问题的自由主义哲学的两种批评。马克思主义者和身份政治的支持者主张从个人主义、普遍主义和形式化的抽象思维转向基于阶级、群体或身份的思维（如关于种族和性别的思维）。他们还更加关注具体生活中的歧视现象。在这两种情况下，我的目的并不是概述政治哲学讨论本身，而是说明这对于思考人工智能和机器人技术中的偏见和歧视问题意味着什么。

为什么偏见是错误的？（1）英语世界自由主义政治哲学中的平等与公正

当人工智能被认为存在偏见时，人们通常会对它为什么有偏见以及这样做有什么不对等问题作出不明确的假设。哲学家们可以阐明并讨论这些论点。其中一种论点是基于平等的：如果基于人工智能的建议或决策是有偏见的，我们可以将其归结为人们遭受不平等对待。然而，在政治哲学中，关于平等的含义存在很大分歧。平等的一种观念是*机会平等*。在普遍主义的自由主义“色盲”（blind）的平等观念中，这可以表述为：人们应该享有平等的机会，无论其社会经济背景、性别、种族背景等如何。

就人工智能而言，这意味着什么？想象一下，一个人工智能算法被用于选择求职者。成功的两个标准很可能是学历和相关工作经验：在这两项上得分较高的求职者将有更大的机会获得算法的录用推荐。因此，算法会歧视学历和相关工作经验较低的人。

但这通常不会被称为“歧视”或“偏见”，因为我们假定这里尊重的是机会平等，即所有申请者都有机会获得适当的教育和相关的工作经验并申请工作，而与社会经济背景和性别等标准无关。算法对这些特征都是“色盲”的。

然而，一些哲学家对这种机会平等的观念提出了质疑：他们认为，实际上有些人（如社会经济背景较差的人）获得相关教育背景和经验的机会较少。根据这些观点，真正的机会平等意味着我们要创造条件，让这些条件较差的人有平等的机会获得理想的教育和工作经验。如果做不到这一点，算法就会歧视他们，其决定就会因为这种机会不平等而被称为有偏见。如果这些批评者坚持普遍主义的自由主义“色盲”平等观，他们就会要求所有人获得平等的机会，无论他们来自哪里、长相如何等等。如果人工智能——尽管可能是出于好意——无助于实现这一点，那么它就是有偏见的，就需要纠正。从非色盲的观念出发（见下文），我们可以要求为弱势群体提供更多的教育和就业机会。人们还可以说，只要情况不是这样，算法就需要以一种积极性差别待遇的方式作出决定，以有利于来自这些（阶层）背景的人和这种性别的人，等等。从机会的角度来理解，这些都是人工智能可能威胁平等的不同理由。

这些论点已经指出了两种不同的平等观：一种是基于阶级或身份的平等（见下一节），另一种是基于结果（这里指工作）而非机会的平等。希望算法对这些特定阶层或群体进行积极的差别对待的人，心中都有一个特定的结果：对所选候选人进行特定分配（例如，50% 的女性候选人），最终营造一个工作分配更加平等、历史上的不平等能得以终结的社会。人工智能可以帮助实现这一结果。这不再是机会平等，而是*结果平等*。但结果平等意味着什么，分配应该是什么样的？它是指每个人都应该拥有同样的东西，每个人都应该拥有最低限度的东西，还是指应避免严重的不平等？此外，正如德沃金（2011，347）所问的：平等本身是一种价值吗？

在英语世界的政治哲学中，平等并不是一个非常流行的概念。许多经典的政治哲学导论甚至都没有关于这一主题的章节（Swift 2019 是个例外）。表达偏见及其错误原因的一种更常见的方式是依赖于正义概念，尤其是*作为公平的正义*（justice as fairness）（Rawls 1971; 2001）和*分配正义*（distributive justice）。通常的说法是，算法产生的偏见是不公平的。但是，作为公平的正义意味着什么？如果有什么东西需要重新分配，怎样才算公平分配？这里也有不同的观念。再以人工智能招聘为例。除了考虑教育和工作经验等标准外，还发现邮政编码是一个与统计相关的类别：想象一下，成功找到工作与居住在（社会经济）“好的”富人区之间存在相关性。结果可能是，在其他条件相同的情况下（例如，所有求职者的教育水平相同），来自“差的”贫困社区的求职者被算法选中的概率较低。这似乎是不公平的。但究竟什么是不公平，为什么不公平？

首先，可以说以邮政编码来区别对待是不公平的，因为虽然有统计上的相关性，但没有因果关系。虽然许多居住在该社区的人找到工作的概率较低（受到其他因素的影响，如缺乏良好的教育），但这个人并没有也不应该仅仅因为他属于这个统计类别（拥有某邮政编码）就降低其找到工作的概率，虽然他确实受过良好的教育，而且在其他指标上也表现出色。这个人受到了不公平的待遇，因为作出决定所依据的标准与本案无关。其次，我们也可以想一想，该社区的许多其他人实际上接受的教育更差、相关工作经验更少等，他们获得工作的机会也更少，这是否公平？我们为什么允许在这方面存在如此大的差异？这个问题也可以从机会平等的角度来解释。但也可以说这是一个作为公平正义的问题：教育的分配、工作机会的分配以及工作的实际分配都是不公平的。接下来的问题是：这些不公平的原因究竟是什么？

根据作为公平的正义的观念，即*平等主义*和*再分配*的观念，需要的是每个人都得到同样的东西。这意味着社会政策和人工智能算法确保每个人都有平等的机会获得工作，或者每个人都能获得工作（在这种情况下，我们首先就不需要选择算法）。虽然这是在厨房餐桌上或在朋友之间处理分配正义的一种流行方式（如需要分配蛋糕时），但它在政治、工作聘用等方面往往不那么受青睐。很多人似乎认为，在社会中完全平等的分配是不公平的，功绩才是最重要的，有才能的人应该得到更多，而且（在我看来，令人惊讶的是）继承的财富和资助根本不会造成公正问题。例如，诺齐克（1974）认为，人们可以对自己拥有的东西为所欲为：只要是通过自愿转让获得的，他们就有权拥有。他为保护生命权、自由权、财产权和契约自由的最小国家辩护，反对再分配正义的概念。

但是，由于天赋和继承钱财并不受个人控制，而是运气问题。因此，有人可能会说，这些因素不应该在公正中发挥作用，基于这些因素的不平等是不公平的。*功绩主义*（meritocratic）的公正观会将成功的选择限制在与人们的实际工作有关的因素上，例如努力工作以获得就业岗位。因此，一种公平的算法应该是一种将优点考虑在内的算法。然而，这也是有问题的，因为学位和其他结果等外在标准并不一定能告诉我们，一个人为了获得这一结果付出了多少努力。我们怎么知道例子中的人是通过什么努力获得学位的呢？例如，考虑到申请人的教育和社会背景，他可能很容易就获得了学位。我们又如何知道那些生活在“差的”社区中的人的优点呢？当我们考虑到他们的背景并从糟糕的结果（这里指的是没有学位）来看待这一点时，我们可能会认为他们没有做太多的工作来改善自己的处境，而实际上可能并非如此，因此他们应该得到远远多于在所谓功绩观念下得到的东西。从功绩的角度来理解公正可能是公平的，但却不那么容易实现。

然而，即使人们拒绝将公正视为绝对的分配平等或基于功绩的公正，也还有其他关于公正的观念。一种观点认为，如果每个人都能获得最低限度的特定物品（这里指的是获得工作的机会），那就是公正的。根据这种*充足主义*（sufficitarian）的正义观（例如，Frankfurt 2000；Nussbaum 2000），我们需要设立一个门槛。在这样的社会中，住在富人区的人仍然有更多的机会被算法选中。但生活在贫困社区的人，无论其他因素如何，都会有一个*最低限度*的机会去获得工作。居住在特定社区与获得工作之间的相关性仍然存在，但其在决策过程中的相关性会减弱。之所以会出现这种情况，要么是因为在算法运作之前或之后有不同的政策带来了这种变化，要么是因为算法的调整方式使其给每个人提供了最低机会（成功的临界值），其他因素有可能增加这种机会，但不可能低于临界值。或者，每个人都可能获得最低限度的工作时间（和收入）或最低限度的金钱。

然而，根据*优先主义*（prioritarian）的公正观，这仍然是不公平的。来自好社区的人仍然会有更大的机会获得工作，而当他们获得工作时，他们的工作将是全职的，收入也会高得多。优先权论者认为，我们需要的是优先考虑最弱势的群体。在此这可能指的是一种政策，其重点是为弱势群体提供工作机会（不考虑其他标准），或者显著增加已经处于不利地位的人的工作机会：例如，通过一种算法增加生活在贫困社区的人的工作机会，即使他们在教育和工作经验等相关因素上得分较低。

罗尔斯为优先主义立场提供了一个著名的政治哲学论证，该论证也回应了天赋是运气问题的观点，并建立在机会平等的基础之上。在《正义论》(*A Theory of Justice*)（1971）中，他在“原初状态”（original position）中使用了所谓“无知之幕”（veil of ignorance）

的思想实验。试想一下，你不知道自己是否天资聪慧，不知道自己的父母是穷是富，不知道自己是否拥有平等的机会，不知道自己将生活在“好的”社区还是“差的”社区等等，也不知道自己将在社会中处于何种社会地位，那么你会选择什么样的正义原则（进而选择什么样的社会）？罗尔斯认为，人们会提出两个原则：第一个原则是给予所有人平等的自由，第二个原则是在安排经济社会的不平等时，使最少受惠者获得最大利益并创造机会平等。如果不平等能最大限度地提高最贫困者的地位，那就没有问题。这就是所谓的差别原则（the difference principle）。

根据罗尔斯的这些原则，基于邮政编码进行选择的有偏见的算法问题，并不是说它的建议反映了社会经济资源的不平等分配，也不是说它反映了一个社会中一些人的收入低于最低标准，而是说它反映和揭示了一个社会既无机会平等，也没有通过不平等最大限度地提高最贫困者的地位。如果这些原则在政策中能得到贯彻，那么我们就不会看到邮政编码与获得工作的机会之间存在如此高的相关性。居住在该地区的其他人会有更多的机会找到工作，也不会处于如此不利的社会地位。因此，算法只会发现微弱的相关性，而邮政编码在其推荐中也不会发挥如此重要的作用。受过良好教育、有良好背景但生活在贫困地区的人，其社会地位与自己相差甚远的情况将不复存在，或者至少问题不会那么明显，因此也就不会出现算法歧视这一具体问题。此外，即使目前的情况非常不公正，我们也可以改变算法使最贫困者的地位最大化：根据罗尔斯的差别原则，这种积极性差别待遇会改变实际的处境。我们可以把这称为“设计的积极性差别待遇”（positive discrimination by design），是“公平设计”（fairness by design）的一种具体形式。

请注意，这种形式的积极性差别待遇首先需要程序员和设计师意识到潜在的偏见，尤其是*无意的*偏见。更广义地说，他们必须意识到，即使没有歧视或其他政治相关后果的意图，设计选择也可能产生诸如公正和平等方面的后果。在提高对潜在政治后果的认识、识别偏见以及更广泛地在设计中贯彻政治和道德价值观等方面还有很多工作要做。例如，当训练数据中没有明确提及性别、种族等标准时，识别偏见可能会很困难（Djeffal 2019，269）。而当问题没有被认识到时，就不可能有解决方案，包括积极性差别待遇。算法公平性方面的技术工作可以帮助解决这个问题：它试图在使用人工智能算法时识别、衡量和改善公平性（例如，Pessach and Shmueli 2020）。结合法律框架中的权利类型，这可能会导致哈克（Hacker 2018，35）所说的“设计的平等待遇”（equal treatment by design）。但正如我们所见，平等只是解决问题的一种方式。此外，设计也可以被用来进行积极的差别待遇。在这种情况下，算法公平性的目的和定义并不是算法结果独立于性别、种族等变量，从而避免负面偏见，而是对一个或多个此类变量产生正面偏差，从而纠正历史上或现有的不公平。

然而，正如我们即将看到的那样，积极性差别待遇的措施通常不是由那些在自由主义哲学传统中工作的人提出的，而是由那些批评自由主义哲学传统的人提出的，或者至少是批评其普遍性的人提出的。

为什么偏见是错误的？（2）
阶级和身份理论对普遍主义自由主义思想的批判

马克思主义理论批评自由主义哲学关于公正与平等的论述只注重形式和抽象的原则，没有触及基本的资本主义社会结构。根据这种结构，形式上自由的个人自愿订立契约（另见诺齐克），但实际上却在两个阶级之间制造并维持着分化和等级制度：一个阶级拥有生产资料，另一个阶级在资本主义条件下受到前者的剥削。我们不应该想象假设的立场和契约，而应该着眼于造成不公正和不平等的物质和历史条件，并改变它们。我们不应将生产和分配问题分开，而应改变我们组织生产的方式。从这个意义上说，共产主义社会将超越正义（Nielsen 1989），至少如果正义被理解为再分配正义的话。我们不应该像自由主义理论所说的那样，首先进行资本主义生产，然后根据正义原则进行再分配，而是应该废除资本主义本身。我们不应站在不偏不倚的立场上评价社会，而应维护被剥削阶级的利益。我们不应谈论适用于个人和个人集合体的正义原则，而应关注阶级和阶级斗争。

因此，从这个角度看，有偏见的算法及其应用的社会之所以造成不公正、不公平的现象，并不是因为它们未能适用和体现抽象的公正或平等理念，而是因为它们有助于创造和维持一种社会经济制度——资本主义，这种制度在两个阶级之间创造了等级森严的社会关系：拥有生产资料的阶级和不拥有生产资料的阶级。自由主义理论提出的问题都是在资本主义世界的框架下产生的。再考虑一下贷款的例子或雇佣的例子：这两种情况都发生在资本主义社会和经济结构中，在这种结构中，让一个阶级的人负债并处于不稳定的社会经济地位从而受到剥削，这符合资本家的利益。因此，偏见不仅存在于算法或特定的社会环境中，资本主义本身也存在一种偏见和动力，这种偏见和动力对某些人（作为生产资料所有者的资本家）有利，而对另一些人（成为无产阶级的工人阶级）不利。人工智能被用作一种剥削手段，机器人被用来取代工人，并创造出一个由失业者组成的无产阶级，这使得剥削那些仍在工作的人变得更加容易。问题不在于人工智能，而在于我们可以称之为“人工智能资本主义”的上面——这是一个比祖博夫（2019）的“监控资本主义”（surveillance capitalism）更一般化的术语，其突出了人工智能的作用。除非这一根本问题得到解决，否则就不会有公正与平等。我们可以调整算法，让弱势群体受益，但最终这些都只是治标不治本。真正的问题在于，人工智能和机器人技术是在资本主义制度下使用的，资本主义制度使用这些技术不是为了解放人民，而只是为了让资本家变得比现在更富有。此外，认为自由市场会逐渐消除算法歧视的想法是“站不住脚的”，因为那些使用算法的人没有动力将偏见降到最低（Hacker

2018，7）。在这个例子中，银行和雇人的公司都在资本主义逻辑下运作，他们并不认为减少歧视是他们的工作。如果不改变这种状况，采取针对性措施也无济于事。资本家甚至没有动力真正改变技术及其使用，因为这不符合他们的利益。

从这一角度看，工人必须和其他人一起抵制这一系统，并与人工智能驱动的资本主义进行抗争。然而，一个问题是，他们往往不知道人工智能正在被使用，更不知道它进行了分类和歧视。人工智能的运作及其对偏见产生的作用都是隐性的。此外，人工智能资本主义对工人的影响也不尽相同。有些工作比其他工作更不稳定。在某种程度上，所有工作都变得更加不稳定。阿兹曼诺娃（Azmanova 2020，105）谈到了“不稳定资本主义”（precarity capitalism），声称“经济和社会不安全已成为我们社会的核心特征”，这导致了焦虑和压力（Moore 2018）。即使是那些拥有熟练技能和高薪工作的人也没有安全感。然而，有些工作显然比其他工作更不稳定，有些工人和个体比其他人更加可量化（见第五章）。这也意味着，当代资本主义产生的心理后果分布不均：一些人比其他人更容易“自我焦虑，他们已经把执行任务的必要性内化了”（Moore 2018，21）；一些人比其他人更害怕被机器取代。地位低的工人受到的监控程度极高，且无法选择退出，而地位高的工人则受到更多保护，尽管他们的数据也会被利用（Couldry and Mejias 2019，191）。每个人在生存、社会经济和心理上都是脆弱的，但有些人比其他人更脆弱。此外，人们对人工智能的看法也存在文化差异：有些文化对人工智能（以及一般技术）的态度比其他文化更积极（这也影响到对人工智能监管的挑战，尤其是在全球层面——我将在结论中再次谈到这一点。）综上所述，这意味着，如果一些人意识到与技术相关的问题，他们会比其他人更有动力反抗人工智能资本主义。这就对马克思主义关于工人在一个阶级（意识）的保护下结成广泛联盟的理想提出了疑问。

然而，社会变革不只是人们及其他们的行动和劳动，包括人工智能在内的技术也是该系统的重要组成。戴尔-维特福德（Dyer-Witheford）、克约森（Kjøsen）和斯坦霍夫（Steinhoff）——几位最著名的马克思主义技术分析家——在他们的《非人的力量》（*Inhuman Power*，2019）一书中认为，人工智能应被视为资本主义下工人异化的顶点：人工智能代表着自主资本（autonomous capital）的权力，导致了商品化和剥削。这可以被视为自由问题（见第四章），也可以被视为资本主义造成深刻不平等和不公正的问题，或者可以被视为其他政治价值观问题。例如，法兰克福（Frankfurt 2015）所言，经济不平等也是一个民主问题："那些经济条件好得多的人比那些不那么富裕的人拥有更多优势——他们可能倾向于利用这种优势对选举和监管过程施加不适当的影响"。

法兰克福等自由主义者认为，不平等"本身不能成为我们最重要的抱负"。然而，对于马克思主义者来说，问题不仅在于对民主的影响，还在于与资本主义剥削相关的不平等本身。此外，（左翼）自由主义思想家会进而要求重新分配，却对生产资料（这里指人工智能）只字不提，而对马克思主义者来说，这是一个关键点。例如，戴尔-维特福德认为，社会变革需要改变整个社会经济制度以及技术，因为人工智能与资本是如此的紧密相连。那么矛盾的是，如果无产阶级想要采取行动反对资本就必须使用人工智能，而这恰恰是其需要反对的（Dyer-Witheford 2015，167）。或许我们可以根据马尔库塞（2002）关于马克思认为有必要对生产资料进行重组的观点来理解这一点。马克思认为，生产应由直接生产者组织。但马尔库塞认为，当技术"成为包含劳动阶级的政治世界中的控制和凝聚的媒介时"，我们就需要"改变技术结构本身"。

这表明技术本身需要改变。然而，大多数马克思主义者只关注生产资料的*所有权*，而从不质疑技术本身。福克斯（2020）认为，一个真正公正的社会必须以公有制为基础，这意味着信息应该是一种共同财产，而不是商品，应该共同控制交流的条件。资本试图吞噬公有财产。福克斯提出，工人应"集体控制作为经济生产手段的通信手段"，脸书等平台应成为以公民社会为基础的合作社。福克斯从公正与平等的角度阐述了"信息作为共同财产与作为商品之间的对立"："如果商品形式意味着不平等，那么一个真正公平、民主和公正的社会就必须是一个以公有制为基础的社会。对于通信系统而言，这意味着通信系统作为公有财产与人类、社会和民主的本质相对应"。同样，我们也可以认为，人工智能和数据被理解为通信技术和信息，是马克思意义上的生产资料，应该被共同拥有，而不是由资本控制。此外，我们还可以质疑超人类主义人工智能愿景（福克斯称之为“后人类主义”）中的技术乐观主义和技术逻辑决定论，它们似乎假定“社会和人类会因为新技术的兴起而发生根本性的变化”，而且这种变化必然是好的。福克斯警告说，这忽视了阶级和资本主义在社会中的重要性，导致机器人取代人，权力集中，而不是民主和平等。此外，有人主张，认为新的信息和通信技术必然是进步的，那就等于否认其出现的“对抗状态”（antagonistic conditions）以及“其嵌入全球资本主义的残酷性”（Dean 2009，41）。

目前在美国非常流行一种作为批评古典自由主义哲学方法的公正与平等的替代方法，其不关注社会经济类别，而是与身份有关的类别，如种族和性别。这种方法有时被称为“身份政治”（identity politics）。虽然这个短语本身在政治上充满争议，但它指的是“在某些社会群体成员共同经历的不公正中发现的广泛的政治活动和理论”（Hees 2020）。如果身份政治使用自由、公正和平等等政治原则，那么它就是要为特定群体确保这些原则，而这些群体是根据其身份和历史定义的。自由主义哲学传统的理论家采取普遍主义的立场（如要求人人享有公正或平等），而坚持身份政治思想的人则认为，这不足以阻止特定社会群体（如妇女、有色人种、LGBT+ 人群、原住民、残疾人等）被边缘化或受压迫。为了解决这些问题，他们将（群体）身份认同置于政治关注的中心。可以说，他们揭开了罗尔斯的无知之幕。他们没有对抽象的个人和由这些个人组成的社会进行遥远的思想实验，而是要求我们关注具体现实和历史。与马克思主义者一样，他们希望改变产生不公正的社会结构、关注具体的历史现实，而不是诉诸抽象的普遍主义观念。然而，他们之所以提出这样的要求，并不是因为某个特定的社会经济阶层处于不利地位，也不是因为资本主义存在问题，而是因为特定身份的群体在当前和历史上处于不利地位。此外，如果与差异政治相结合，我们就需要公正的价值，但其目的不是不分身份和差异地涵盖全人类，而是尊重这些身份和差异本身。这也意味着承认特定群体和属于这些群体的人，而不是谈论一个普遍的“我们”。正如福山（Fukuyama 2006）对这一观点的解释：自黑格尔以来，政治一直与承认（recognition）联系在一起，但现在“基于共同人性的普遍承认是不够的，尤其是对过去受到歧视的群体而言。因此，现代身份政治围绕着承认群体身份的要求而展开”。这些身份认同是历史性、地方性的，往往是在特定形式的压迫和不公正中产生的。

如今，这种政治形式在自由派左翼中很受欢迎。被戴尔-威特福德称为“后马克思主义”的立场驳斥了马克思主义理论的整体性和简化性，声称它无视父权制和种族主义，否认文化多样性。相反，后马克思主义者关注差异、话语和身份，不谈革命，只谈民主（Dyer-Witheford 1999，13）。这在一定程度上可以看作是后现代政治的延续。许多人没有反对资本主义，也没有提出团结一致的愿景，而是开始强调差异和身份。这并没有真正挑战资本主义，反而往往很容易与资本主义共存，例如以时尚的形式（Dean，2009，34）。同样，后现代强调流动和高度个性化的身份认同，这与新自由主义意识形态高度契合。但部分原因还不止于此：人们意识到了历史上各种形式的不公正，马克思关于斗争、抵制和系统变革的一些论述也被重新提及，尽管不再关注阶级和社会经济类别，也拒绝普遍主义。

关于人工智能中的偏见与歧视，相关的规范性问题是：这些技术和使用这些技术的人歧视哪些特定群体？哪些争取承认的斗争受到人工智能的威胁？是否存在对妇女的偏见？对变性人有偏见吗？对黑人有偏见吗？对残疾人呢？本杰明（2019a；2019b）在人工智能和机器人学领域提出了一个著名的种族论点，他认为这些技术在政治上不是中立的，而是加深了种族歧视、不平等和不公正。她以美国种族歧视的历史（不幸的是，现在也经常如此）为背景，声称不公正是针对黑人这一特殊群体的。从这个角度看，算法偏见受到质疑的问题是它们不是中立的，而是系统性地不利于黑人，从而再现了既有的不平等，助长了“相互交织的歧视形式”（Benjamin 2019b），尤其是种族偏见。李（Rhee 2018，105）则声称，许多陪伴机器人和智能玩偶的出现“使白色成为标准”（normalizes whiteness）。因此，这些论点化解了认为技术是中立的工具主义的观点，并且从根本上反对关于中立技术，反对关于数字技术是“公平竞争的地方”甚至是“纠正不平等的地方”（Benjamin 2019b，133）这样的论述——这些论述往往来自企业界。在这里，是以种族和身份的视角来看待问题，而不是脱离现实的普遍主义立场。

再想想本书开头的那个被无理逮捕的案件。本杰明和其他持类似身份观点的人认为，本案（以及其他类似案件）中的错误之处不在于抽象的“人”或“公民”被不公正地逮捕，而在于一个*黑人因为他是黑人*而被逮捕：这就是种族主义。或者用美国十年来抗议种族暴力的流行口号来说：这种基于身份的争论的焦点不是“大家的命都是命”（All lives matter），而是“黑人的命也是命”（Black lives matter）。本杰明等思想家认为，古典自由主义理论中崇高的“白人”视角并不适用，他们更愿意从种族的角度来审视当地发生的真实情况。他们指出，普遍主义思想并不能有效地建立一个公正和平等的社会，并声称这种思想只服务于特定群体（如白人、男性）。例如，本杰明（2019b）没有诉诸于普遍主义原则，而是呼吁通过“一种建立在黑人种族传统基础上”的“解放想象力”来想象“*技术现状*——当涉及技术科学时一切如常——的替代方案”。在这里，政治想象以特定（群体和身份的）历史为基础，而不是诉诸抽象的公正或平等观念。

身份认同思维的一个重要方面是与历史背景相关。例如，在谈到种族身份时，身份政治的捍卫者会指出奴隶制和殖民主义的恐怖历史。这至少可以通过两种兼容的方式来实现。一种方式是，*现*今对美国黑人的伤害不仅植根于种族主义（仿佛这只是一种抽象的信仰体系），而且是这些具体的、令人震惊的压迫和种族主义错误历史形式的延续，尽管其在形式上没有被正式承认为奴隶制和殖民主义。因此，修复人工智能中的偏见是一种有助于打击种族主义和彻底（而不是部分）废除这些压迫形式、防止其在未来继续存在的形式。对（新）殖民主义的批评也从这一历史角度出发。例如，库尔德里（Couldry）和梅西亚斯（Mejias）（Couldry and Mejias 2019）谈到了“数据殖民主义”，表明了当前的不平等是历史上帝国和剥削形式的延续，至少“在一定程度上，我们通过使用我们创造的数据而受到剥削”。人们的数据、劳动以及最终的社会关系都被资本主义所占有。此外，人工智能在某地（特权阶层）的使用依赖于远在别处的劳动和剥削。例如，机器学习的训练就涉及这种剥削形式。

历史的视角还将我们带入殖民主义的主题。在历史殖民主义的背景下，我们可以通过新殖民主义的危险（或现实）来批判性地看待当前的人工智能和其他技术实践。例如，有人担心，自由主义理论在实践中所涉及的人类和个人是指生活在富裕的西方社会中的人，而南半球的利益和特殊性却因此被忽视了。虽然这种担忧也可以在自由主义和马克思主义的框架内提出，例如指出社会经济的不平等和不公正或在资本主义背景下的工人压迫和地缘政治，但这也可以从身份认同和殖民主义的角度来解释。例如，一篇评论文章谈到“数字殖民主义”（digital colonialism）是强大的硅谷科技公司对贫穷国家的帝国主义剥削（Kwet 2019）。同样，有人认为（Birhane 2020），“人工智能对非洲的入侵与殖民时代的剥削相呼应”，忽视当地的需求和利益，延续历史偏见，使少数群体处于不利地位（例如，没有证件的人被排除在国家生物识别系统之外），这相当于对非洲大陆的“算法殖民”（其中一些问题也可以从技术转让的角度来谈论，因为技术转让往往会使某些发展中国家的不民主做法永久化。这可以被视为一种殖民主义和对特定群体的不公正，但也可以从侵犯人权的角度加以阐述）。

另一种引入历史的方式是利用历史来警告人们，目前的不公正很可能不如历史上的不公正那么糟糕，但在*未来*可能会导致更严重的压迫形式，必须在达到这一点之前加以制止。在这种情形下，种族主义和当前的压迫形式被认为必然会导致一个对特定种族背景的人进行系统性压迫和剥削的社会，换句话说，就是基于殖民和奴隶制思想的社会。这就是为什么需要制止人工智能中的种族主义以及通过人工智能实施的种族主义。另一个例子是性别：人工智能中的性别偏见被视为历史形式的压迫和父权制的延续，*并且*被视为可能导致新形式的压迫和父权制的问题。例如，互联网上的语言和特定语料库中可能存在偏见（如将医生等特定职业与男性联系在一起的偏见），如果这种偏见被输入到用于自然语言处理的人工智能和数据科学工具中（Caliskan，Bryson，and Narayanan 2017；Sun et al. 2019），那么这将延续文本中存在的历史偏见，*并且*有可能在未来加剧这种偏见。

然而，关注的焦点往往是历史偏见的延续。例如，在评论预测性警务时，克劳福德（Crawford）和卡洛（Calo）（Crawford and

Calo 2016）使用了身份政治的语言，他们在《自然》（*Nature*）期刊中的文章中说，我们需要调查“人工智能系统如何对已经因种族、性别和社会经济背景等因素而处于不利地位的群体造成不相称的影响”。还有人经常声称，人工智能可能反映出对女性的偏见，这是因为在通常以男性为主的技术开发者团队中存在偏见，而这些开发者又从上一代人那里继承了这种偏见。因此，参照点是历史上和现在对特定群体的歧视形式，这些歧视是以身份（种族、性别等）为特征的，而不仅仅是社会经济标准等。此时此地的歧视和压迫案例，是从历史上对特定群体的歧视角度来看待的，这些歧视和压迫是以身份为特征，并寻求着对这一身份和历史的承认。历史的角度与马克思主义相同，但重点已从维护特定社会经济阶级的利益和促进全人类解放的目标（马克思主义）转移到根据其身份界定的特定群体的当前关切、历史和未来。

类似的基于历史的论点也可以用来反对将机器人作为“奴隶”来使用和理解。支持将机器人作为奴隶使用的论点是，这样可以停止对人类的剥削。布莱森（Bryson 2010）在反对赋予机器人权利时声称，机器人在法律上应被视为奴隶。这样，人们就可以按照弗洛里迪（Floridi 2017）的建议，用罗马法来处理法律问题，即奴隶的主人要对损害负责。然而，正如我在上一章中所说，从奴隶的角度来思考机器人似乎有些不妥。身份政治的观点现在提供了一个论据，说明为什么会出现这种错误，这个论据可以代替马克思的反对意见，也可以作为马克思反对意见的补充。从奴隶制和歧视特定群体的历史背景来看，人们可以反对将机器人视为奴隶，认为这延续了从主人和奴隶的角度思考问题的历史，以及边缘化和排斥特定群体的历史。虽然机器人被用作奴隶时人类并没有受到伤害，但有关社会关系的话语和思维方式却被视为存在根本问题。因此，反对将机器人视为奴隶的观点可以得到普遍的自由主义或马克思主义思想的支持，例如反对霸权和资本主义社会关系的论点；或者得到身份理论的支持，其将机器人的奴役与特定群体（人类）的历史、现在和未来的边缘化联系起来。今天，机器人是奴隶；但也许明天，这就会延伸到另一个群体？此外，我们可以将这一论点的范围扩大到动物：我们对待某些非人类动物的方式难道不是一种奴役形式吗？关于非人类的政治问题，我将在第六章中详细论述，但这里值得注意的是，所有这些批评都认为，无论是古希腊或古罗马关于奴隶的思想，还是后来哲学史上假设或支持这类社会等级制度的发展，都不是对技术进行规范性评价的良好来源，因为它们延续了一种霸权和殖民思想。因此，对那些伴随着人工智能的使用和发展而出现的政治排斥和统治的论述进行批判性研究是非常重要的。

在政治哲学和其他领域，身份认同思想仍存在争议。即使在女性主义理论中，也有关于女性身份的讨论。例如，女性身份是一种本质上的身份，还是一种必须从行为相关角度来理解的身份（Butler 1999）。当代女权主义者呼吁建立后身份政治（post-identity politics），其超越“狭隘的承认政治”和基于受害者身份的苦难政治（politics of suffering），转而关注“更广泛的多样性政治”（McNay 2010，513）和创造赋能自由的生活形式。例如，麦克内伊（McNay 2008）反对将政治简化为身份认同问题。但正如所料，自由主义者和马克思主义者对此也提出了批评。马克思主义者指责身份政治的支持者只关注上层建筑（文化），而不关注潜在的经济学，因此只关注边缘化群体，却忽视了产生不平等现象并仍然维持着资本主义逻辑的一般经济结构，他们更愿意用“阶级”这一范畴来分析和挑战资本主义下的社会经济不平等。而福山（2018a）则警告说，以身份为导向的社会使商议和集体行动变得困难，因为它们会分裂成身份的各个部门。他还指出，右派使用同样的语言，例如使白人男性成为受害者，而左派则分裂为“一系列身份群体”（Fukuyama 2018b，167）。他提出，在这样的民主社会中，我们需要“努力回到对人类尊严更普遍的理解之上”。

对于偏见和人工智能的思考，此类讨论与政治背景（如“黑人的命也是命”运动）仍然是关系密切。如何界定偏见和歧视非常重要，不仅在哲学上如此，在实践中也是如此。我们是应该在算法中加入普遍主义的公正原则，还是应该通过技术和其他方式关注对特定群体的偏见并采取积极性差别待遇的措施？我们应该接受语料库中存在的历史偏见（例如，声称从互联网导入的数据反映了社会的现状，数据和算法应该是“中立”的），还是坚持认为算法从来都不是中立的，它们是有偏见的，并纠正这种偏见，从而有效地促进社会减少对历史上弱势群体的偏见？这两类论点是否可以结合起来，或者它们是否不可通约？这两种规范性理论的某些方面能否在实践中实施？如果可以，会出现哪些潜在的紧张关系？

结论：人工智能并非政治中立

从技术哲学中，我们知道技术在道德和政治上不是也不可能是中立的。一般来说（对于所有技术都是如此），人工智能和数据科学也是如此。虽然有些人认为，如马茨纳（Matzner 2019，109）所说的“如果人类不持续地用他们的偏见来破坏算法，算法就可以是中立的”，但这种观点是错误的。相反，人类与机器之间的关系要复杂得多，人类与人工智能也是如此。人工智能算法从来都不是中立的，社会中的偏见以及算法和数据科学过程中产生的偏见都需要进行评估。同样，正如吉特尔曼（Gitelman）和杰克逊（Jackson）（Gitelman and Jackson 2013）所言，数据本身也不是中立、客观或“原始”的。相反，它们是“由知识生产的运作产生的”，涉及解释、整理和感知——包括感觉（Kennedy，Steedman，and Jones 2020）。如前所述，人工智能使用的语料库可能存在偏见。语言本身也存在偏见，例如性别偏见。如在使用英语单词“man”时，它不仅指男性，也指整个人类（Criado Perez 2019，4）。此外，正如我已经提出的，处理数据的团队也不是中立的。人们可能会有偏见，团队可能缺乏种族和性别的多样性。

例如，当他们主要由白人男性组成时，他们就会分享特定的政治观点，包括关于身份政治的观点（Criado Perez 2019，23）。技术官僚制（technocracy）也不是中立或非政治性的。仅靠技术专长无法解决伦理和政治争论。科技公司也有自己的政治。例如，根据默里（Murray 2019，110）的说法，谷歌等硅谷公司在政治上偏左（更准确地说：左翼自由主义者），并对其员工抱有这样的期待——即使他们所宣扬的并不总能得到践行，例如当涉及他们自身工作团队的多样性问题时。亚马逊或优步（Uber）等科技公司也通过人工智能和算法来监控员工的表现：亚马逊利用人工智能自动解雇生产效率低下的员工（Tangerman 2019），优步的算法会对司机进行排名，从而决定他们的工资水平，甚至决定他们是否会被解雇（Bernal 2020）。只要这些做法具有剥削性，就会与他们的政治话语形成鲜明对比，而且这些做法本身在道德或政治上就不会是中立的。最后，正如我在前一章中所指出的，除了科技公司及其市场的直接环境，人工智能服务还依赖于南半球的人类劳动力。后者并没有从他们的劳动中获得公平的回报。

鉴于人工智能、数据以及处理该技术的人员和组织的这种非中立性，我们需要对这些技术操作、实践、解释和感知进行评估。然而，“如何评估”仍然是一个悬而未决的问题，即在什么基础上进行这种规范性评估。因此，讨论规范和相关概念至关重要。在本章中，这意味着我们要讨论偏见和歧视、（不）公正、（不）平等等概念的含义，以及它们为什么会产生问题。我介绍了评估人工智能的规范性*政治哲学*概念框架的另一部分：一个基于平等和公正等观念的框架。这可能为那些开发和使用人工智能的地方讨论人工智能政治问题提供信息。

此外，这也提出了由*谁*来评估并采取措施的问题。技术开发人员在这方面发挥着重要作用，因为他们也需要对其技术的效果负责。在某种程度上，他们已经承担了这个角色：作为员工，他们受到其工作的公司和组织的激励，这些公司和组织至少在口头上支持发展负责任的人工智能；作为追求利润的企业家；或者作为自己有动力改变社会的公民，例如黑客。正如韦伯（Amy Webb 2020）所指出的，为了应对数字革命及其带来的大规模监控、权力集中和独裁统治，一场颠覆和改变现状的斗争正在进行。因此，黑客是社会运动的一部分，是一种将事情掌握在自己手中的激进主义的新形式。作为公民，黑客们为“夺回民主”而战，或许也是为了维护自由，实现更多的公正与平等。除此之外，我们还可以就人工智能的政治影响开展更广泛的公民教育。这就提出了如何衡量这种影响的问题，但其往往是难以预测的（Djeffal 2019，271）。此外，政治意义和影响本身也可能存在争议。需要开发更多新工具来探索人工智能未来与潜在的社会和政治意义及后果，并为高质量地讨论这些可能性创造条件。这对人工智能开发者和公民都有帮助。

从更广泛的意义上讲，考虑到关于基本政治问题的讨论广泛而富有挑战性，不应让科技工作者、公司、组织、政府、教师和公民独自应对人工智能挑战中的政治问题，而应就这一话题展开更广泛的公开讨论。在民主社会中，我们（公民们）应该决定政治方向。在专家的协助下，这可以帮助技术开发者建立一个视角并以此来分析人工智能中的偏见，必要时，在技术中通过技术来纠正偏见。政治哲学中的概念工具——在本章中是关于公正与平等的讨论——有助于提高这些民主讨论的质量，找到规范方向，并重新设计技术。第四章将进一步讨论人工智能与民主之间的关系。

第四章 民主：回音室与机器极权主义

导言：人工智能对民主的威胁

民主与人权和法治一起，通常被视为西方自由主义制度（Nemitz 2018，3）和自由主义政治思想的核心要素之一。世界上许多政治制度都以民主理想为诉求。人工智能会加强民主，还是会削弱民主？从其普遍的社会和政治后果来看，人工智能对民主有何影响？

如今，许多批评家警告说，人工智能威胁着民主。正如美国前副总统阿尔·戈尔（Al Gore）在20世纪90年代中期的一次演讲中谈到计算机网络时所说的那样（Saco 2002，xiii），人工智能并没有帮助建立"一个新的雅典民主时代"（a new Athenian Age of democracy），也没有迎来一个由互联网和人工智能创造出的新型政治公共空间（agora）的时代，相反，人们担心人工智能技术会导致一个更不民主的世界，甚至是一个反乌托邦（dystopia）。批评者质疑技术在政治上是中立的，或怀疑互联网和人工智能等数字技术一定会带来进步。例如，在《监控资本主义时代》(*The Age of Surveillance Capitalism*)(2019)一书中，祖博夫认为，使用大规模行为改变技术（behavior modification techniques）的监控资本主义不仅是对个人自主的威胁，也是对民主的威胁，因为它推翻了人民的主权。为了论证监控资本主义为什么是反民主的，她引用了潘恩（Paine）的《人的权利》(*The Rights of Man*)一书。该书警告人们要提防贵族政治（aristocracy），因为这样的一群人不对任何人负责。然而，这一次的暴政不是来自贵族，而是来自监控资本主义，一种原生的资本主义形式，它剥夺了人类的经验并强加了一种新的控制：知识的集中意味着权力的集中。韦伯在《九巨头》(*The Big Nine*)(2019)中表示同意：我们无法控制自己，因为我们的未来是由大公司决定的。这不是民主。或者如戴蒙德（Diamond 2019）所说：对大科技公司有利的事情“不一定对民主有利，甚至对我们个人的身心健康都不利”(21)。此外，不仅公民，国家也越来越依赖于企业以及它们对公民掌握的信息（Couldry and Mejias 2019，13）。然而，祖博夫（2019）仍然相信通过民主进行改革是可能的。受汉娜·阿伦特的启发，她认为新的开端是可能的，我们可以“重新将数字未来作为人类的家园”(525)。相比之下，赫拉利（Harari）在《未来简史》(*Homo Deus*)(2015)一书中认为，未来民主可能会衰落并彻底消失，因为它无法应对数据：“随着数据量和速度的增加，选举、政党和议会等古老的制度可能会过时”(373)。技术变革日新月异，政治已无法追赶。现在，影响我们生活的关键选择，例如有关互联网的选择，都没有经过民主程序。即使是独裁者也会被技术变革的速度所淹没。

本章将通过探究有关民主及其条件的政治哲学理论（包括知识 / 专业技能与民主之间的关系）和极权主义的起源，进一步探讨人工智能对民主的影响。本章概述了柏拉图式和技术官僚式的政治观念与杜威和哈贝马斯式的参与式和协商式民主理想之间的紧张关系，前者强调统治者的知识、教育和专业技能，后者则提出了一种不同的、激进的和论争式的民主和政治理想（这也受到了墨菲和朗西埃的批评）。本书探讨了人工智能如何威胁或支持这些不同的民主理想和观念。例如，人工智能可以用来实现直接民主，但它也可能支持专制的技术官僚政治：由专家来统治，或如赫拉利所言，由人工智能来统治。如果民主要求我们了解彼此的观点并为达成共识而参与协商，那么数字技术可以促进这一点，但也有一些现象会导致公共领域的分裂和两极分化，从而威胁到这一民主理想。最后，人工智能可能会被那些试图摧毁民主本身的人所利用：成为柏拉图式的哲学王或哈贝马斯式民主的工具，被用来推动从理性主义和技术解决主义（technosolutionist）的角度来理解政治，而这种理解忽视了政治固有的辩论性维度，并有可能排斥其他观点。

此外，本章探讨了人工智能是否会为极权主义创造条件。根据阿伦特（2017）关于极权主义起源的研究，本章考虑了人工智能是否会支持一个孤独和缺乏信任的社会，而这为极权主义倾向创造了肥沃的土壤。如果人工智能被企业和官僚机构用作通过数据对人进行管理的工具，那么这就把人当成了物，并可能——通过那些*只是做着他们工作*的人们的非预期结果——导致阿伦特（2006）所说的“平庸之恶”。当我们的数据掌握在科技公司和政府管理部门的人手中时，这不仅是一个历史问题，也构成了当前的危险，因为他们可能会听从管理者和政客的吩咐行事，并停止*思考*。

人工智能对民主、知识、协商和政治本身的威胁

从柏拉图开始：民主、知识和专业技能

要想知道人工智能是否以及如何威胁民主，我们首先要知道什么是民主。让我们看看关于民主及其条件的不同观点，包括知识/专业技能与民主之间的关系。

民主是对一个古老问题的回答：谁应该统治？柏拉图反对民主，认为统治需要知识，尤其是关于善和正义的知识。在《理想国》（*Republic*）中，他将民主与无知联系在一起，认为民主会导致暴政。他以航海作类比，提出一个好的领导者应该是知识渊博的，因为作为船长，他应当能够控制国家这条航船。柏拉图使用的另一个比喻是医生：如果你生病了，你需要专家的建议。统治国家是一门手艺，需要专业知识。因此，哲学家应该统治国家，因为他们具有智慧，追求现实和真理。柏拉图所说的“哲学”并非指学术意义上的哲学：他在《理想国》中明确指出，他的护卫者还将接受音乐、数学、军事和体能训练（Wolff 2016，68）。相比之

下，将权力交给人民就意味着让无知、歇斯底里、享乐和懦弱统治一切。如果没有适当的领导，政治冲突和无知会让人们渴望拥有一个强有力的领导人，甚至是一个暴君。

这种观点在现代发生了变化，新出现的人性论和政治观念认为，多数人而不仅仅是少数人能够自我统治。例如，卢梭的思想也旨在避免暴政，但在他看来，柏拉图式的权威问题的解决办法，不是让受过教育的少数人来统治，而是对全体公民的教育：只要全体公民都接受道德教育，自治就是可能的，也是可取的（Rousseau 1997）。卢梭因此奠定了政治理论中另一种思想的基础，其信任民主，将自治扩大到所有公民身上，并为自治增加了一些条件。但这种自治应具备哪些条件，采取何种形式呢？他指出，民主社会不应该由哲学王统治是一回事；具体说明民主需要哪些知识（如果有的话），以及确定民主应该采取的确切形式又是另一回事。例如，民主是否应该包括协商和参与？人工智能与这种民主形式有什么关系？

让我们从有关知识与民主的问题开始。在政治理论中，与我们的讨论相关的一个讨论是技术官僚制 / 民主的争论。这一争论始于柏拉图（如果没有更早的话），随着现代官僚机构的兴起而具有了新的意义。近几十年来，人们一直在呼吁数据驱动决策、智能治理以及科学、循证政策，这与呼吁参与式治理和更激进的民主形式形成了矛盾。这些不同论点和语言之间的分歧（Gilley 2016）反映了我们对知识和专业技能在政治中所起的作用的对立观点。

人工智能通常被视为坚定地站在技术主义一边。它为产生有关社会现实的知识提供了新的可能性——也可以说为建构社会现实提供了新的可能性。统计科学早已用于现代治理，但随着机器学习的发展，预测分析的可能性也在扩大。库尔德里和梅西亚斯（2019）谈到了一种新的、由人工智能赋能的社会认识论（social epistemology）。人工智能为技术官僚所主导的社会创造了新的权力，这与民主理想形成了鲜明对比。人工智能似乎是一个专家的领域，超出了大多数人的理解范围。例如，帕斯奎尔（Pasquale 2019，1920）认为，为了公平分配专业知识和权力，需要制定激励措施，让个人了解人工智能及其供应链。如果做不到这一点，我们很可能会完全依赖人工智能和运用人工智能来控制我们的官僚。赫拉利等超人类主义者甚至认为，未来人工智能将统治我们。抛开科幻小说不谈，但可以说我们已经被大公司统治了，他们利用人工智能来操纵我们——正如祖博夫所指出的，这完全超出了民主的控制。当我们已经被谷歌、亚马逊和其他大公司统治时，谁应该统治只是一个理论上的问题了。从这个意义上说，人工智能本质上是反民主的。此外，人工智能提供的用于决策的知识是否充足？可以说，一个需要人类判断与民主协商的间隙一直存在着。人工智能所展示的智能也常常与人类的社会智能形成对比，后者似乎是民主社会中政治话语和建构社会意义所必需的。但是，人工智能是否也能支持更民主的政府和治理形式？为了展开讨论，我们需要进一步研究民主是什么，以及民主需要什么样的知识这一核心问题。

超越多数人统治和代议制

许多人认为民主就是多数人的统治，并认为民主是一种代议制形式。但是，这两种民主观点都有争议。首先，我们并不能明确*作为多数人统治的民主*是否一定是好事。正如德沃金（2011）所言："为什么在数量上更多的人赞成一种行动方案而不是另一种行动方案，就意味着这种政策更公平或更好呢"？例如，在善于煽动民意的领导者的影响下，多数人可能会决定废除民主，建立专制政府——柏拉图早已对此提出过警告。至少，作为多数人统治的民主似乎并不是民主的充分条件：也许它是必要的，但还需要更多。有些人会补充自由或平等的必要性：这些价值常常被写入自由民主的宪法之中。另一些人则会添加一些柏拉图式的元素，比如要求政治决定是好的（因为多数人统治并不能保证结果是好的），这当然会引发"什么是好的决定和结果"的问题，或者要求统治者需要具备一定的技能和知识。他们是否应该像柏拉图和卢梭所说的那样，在道德上是好的呢？无论如何，人们可以说，即使在民主国家，某些领导素质也是必要的。贝尔（Bell 2016）声称，政治功绩由三个属性决定：政治领袖的智力、社交能力（包括情商——参见 Chou，Moffitt，and Bryant 2020）以及美德。后者与柏拉图的观点一致。而埃斯特伦德（Estlund 2008）与柏拉图的观点相反，其认为柏拉图将政治权威作为专业知识的观念混淆了专家与领导。他称之为"专家 / 领导谬误"：有些人比其他人拥有更多的专业知识，但"从他们的专业知识并不能推断出他们对我们拥有权威，或者说他们应该拥有权威”。但是，如果我们把政治权威问题与专业知识问题分开，这是否意味着专业知识和个人素质在民主制度中根本不应该起任何作用？在我们所熟知的民族国家中，官僚操纵是否完全不可避免？而在某些情况下，使用人工智能来影响行为是否也是允许的，甚至是可取的，还是说这必然会导致专制主义？对技术官僚制的否定留下了一个问题，即专家、专业知识和技术究竟应该在民主中扮演什么角色？

此外，我们所熟知的*代议制民主*也受到了质疑：有人认为，只有直接民主才是真正的民主。然而，在（大型）民族国家的背景下，这似乎很难实现。古代的民主是在城邦中实现的，卢梭心目中的城邦（日内瓦）也是如此。这是不是一个更高水平的治理，还是说即使在现代民族国家中直接民主也是可能实现的？人工智能能否在这方面提供帮助？如果能，具体如何？

除了代议制民主和多数人统治之外，还有其他的民主方式，它们同时也能避免柏拉图式的政治权威观：*参与式*和*协商式*、以共识为导向的民主理念。有时，这些民主观念是作为对民粹主义（populism）的一种回应而提出的，民粹主义被指控无视公共辩论的宝贵准则，“比如说出真相、听取他人的理由和尊重证据”（Swift 2019，96）。这就假设了，作为多数人统治和代议制的民主还需要增加更多条件，其理念是，民主对公民的要求不仅只是偶尔投一次票或是少数服从多数那样而已。例如，民主的一种含义是作为公共辩论和协商的民主：在平等者之间自由而合理的辩论，旨在促成公民之间合理的共识（Christiano and Bajaj 2021）。这种民主观念可以在哈贝马斯、罗尔斯、科恩（Cohen）和奥尼尔（O'Neill）等人的著作中找到，他们相信民主与使用公共理性和协商之间存在联系。例如，与哈贝马斯的观点一致，古丁（Goodin）在《反思性民主》（*Reflective Democracy*）（2003）一书中提出了一种民主协商的形式，即人们将自己想象成他人的立场。他建议不要把民主局限于人们投票这一"外部"（external）行为，而要关注作为民主基础的"内部"（internal）行为和过程，特别是人们经过反思和深思熟虑后作出的判断，以及共同决定应该采取什么行动。他所说的"反思"，特别是指人们通过设身处地的想象，"对他人的困境感同身受"，也包括对那些远在他方、有着不同利益的人。事实和信念也很重要，而不仅仅是（相互冲突的）价值观。

因此，我们可以区分"浅薄"（thin）的或过程性、形式上的民主理念与"厚实"（thick）的民主理念。"浅薄"的或过程性、形式上的民主理念是指通过投票赋予人们发言权，而"厚实"的民主理念则包括一些条件，如协商、知识/专业技能和想象力，这使得民主比"仅仅是人们选票的集合"更加丰富（Goodin 2003, 17）。然而，从启蒙运动的角度来看，为了避免精英或柏拉图式的专制民主，支持参与式民主，必须让所有公民参与进来并对他们进行教育。但提高参与度是一项挑战。例如，让人们直接投票并不一定会提高他们对政治的参与度（Tolbert, McNeal, and Smith 2003），而且公众可以参与多种形式的政治活动，包括在线政治参与，例如通过社交媒体。无论如何，参与式民主认真对待人民自己作出政治决策的潜力，而不是将其委托给哲学王或精英集团。参与式民主反对由“暴民”来统治的柏拉图式的悲观主义，受卢梭和其他启蒙思想家的影响，参与式民主更加信任普通公民及其协商和政治参与的能力。

这对人工智能来说意味着什么？这种民主规则排除了非参与性的治理形式，例如由专家和人工智能进行*排他性*的技术官僚治理，以及盲目地完全依赖人工智能的算法和推荐。不过，这也为专家和在人工智能协助下所获得的知识能以某种方式参与民主进程留下了可能性，只要公民自己有最后决定权并能依靠他们自己的判断和讨论。然而，人工智能确切的潜在参与形式尚不明确。在实践中，人工智能和数据科学已经参与到民主决策中，但由于大多数现有的民主类型并不是高度协商和参与式的，因此很难说这种结合将如何发挥作用。而且，人类判断与机器计算和预测之间仍然存在矛盾。

让我们仔细看看协商式和参与式民主理论，以及对其激进的批评。

协商式、参与式民主与论争式、激进式民主

在*协商式*民主中，公民在平等的公共协商中运用实践智慧，他们不仅关心自己的目标和利益，也对他人的目标和利益作出回应（Estlund 2008）。在这里，民主就是自由的公共推理和讨论，并为这种讨论创造条件（Christiano 2003）。哈贝马斯认为这是一个

理性的政治沟通过程，即以理性为指导的沟通。他的论述以“理想言语情境”（ideal speech situation）而闻名，在这种情境中，协商的过程只受理性力量的指导，不受非理性的强制性影响，以达成共识为动机。后来，这种论证的预设构成了他的商谈伦理学（discourse ethics）的基础（Habermas 1990）。根据埃斯特伦德（2008）的观点，这种方法引入了超越民主本身的价值观，因为它超越了对民主的程序性理解。但协商民主的支持者可能会回应说，民主不能简化为投票程序，而是需要纳入理性的公共使用。因此，论辩和协商并不是民主理念的“附加物”（extra）——比如说，另一种价值或原则——而是民主概念的本质部分。此外，考虑到古丁及哈贝马斯思想的进一步发展，我们还可以增加换位思考（perspective-taking）和团结的概念。我们还可以将“实践智识”（practical intelligence）与古代的“*实践智慧*”（phronesis）一词重新联系起来：这样，公民就需要发展实践智识，包括——如阿伦特所言——他们的政治想象力。

还有其他一些民主理论，它们超越了作为投票或代议的民主，强调了交流的重要性。例如，杜威的参与式民主理念要求公民积极参与并再次强调了知识要求：人们需要接受教育才能参与政治。在《民主与教育》（*Democracy and Education*）（2001）一书中，他主张民主的理念不仅是一种政府形式，而且还是一种特定的社会：“民主不仅仅是一种政府形式，它主要是一种共同生活的模式，一种共同交流经验的模式”。更一般地说，政治的意义在于建立社会。然而，在杜威看来，要使一种关系成为真正的社会关系，仅靠彼此接近或为共同目标而努力是不够的。他反思了机器的类比：机器的各个部分共同工作以达到一个共同的结果，但这并不是一个社会团体或社区。这样还是太机械。对于真正的社会团体和社区而言，交流是必不可少的。如果我们想要实现共同的目标并达成共识，我们就需要交流："每个人都必须知道对方在做什么，并且必须拥有某种方式让对方了解自己的目的和进展。"此外，参与还需要教育，"教育使个人对社会关系和控制产生切身的兴趣，并使个人养成确保社会变革而又不引起混乱的思维习惯"。

杜威承认这种民主理念听起来像是柏拉图式的，但此种理念反对后者的阶级专制主义。他说，柏拉图的理想"由于将阶级而非个人作为社会单位而在实施过程中受到了妥协"，而且它没有改变的余地。他还反对 19 世纪的民族主义。杜威的民主观念更具包容性；民主应该是所有个人的一种生活方式和交流经验，而不仅仅是某个特定阶级的生活方式和交流经验。他认为，个人可以通过教育形成可接受的行为模式。因此，在杜威看来，民主是关于个人作为相互联系、相互沟通的存在。民主是通过互动和交流的方式产生的。它需要努力：虽然我们生来就是社会人，与他人联系在一起，但社区和民主需要创造。社区和民主是由全体公民创造的，而不仅仅是由少数代表创造的。

然而，以达成共识为目标的参与式民主观念受到了杨（Young）、墨菲和朗西埃等激进思想家的批评。例如，杨在《包容与民主》

（*Inclusion and Democracy*）（2000）一书中特别批评了哈贝马斯的观念：在她看来，政治不仅仅是争论或冷静的表达，民主应该更具*包容性*和沟通性，也应该吸纳新的声音以及其他的说话风格和方式。以最佳观点为基础的协商忽视了受过良好教育的人进行自我表达的演讲风格和说话方式。对话的准则可能会将人们排除在外。人们也可以通过不同的方式表达自己，例如公开讲述故事（Young 2000；另见 Martínez-Bascuñán 2016）。杨（2000）为一种超越投票、强调沟通的政治包容观念辩护："民主决策的规范合法性取决于受其影响的人在多大程度上被纳入决策过程。"这需要的不仅仅是投票权：杨认为，我们需要考虑沟通、代表和组织的模式，我们不应将政治沟通的观念局限于争论。在协商民主中，特定的表达方式更受青睐，这就排除了其他表达方式和特定人群。虽然哈贝马斯（和康德）的解释方式为情感和修辞留出了空间（Thorseth 2008），而杨则承认情感和其他政治行为方式的作用。

墨菲通过强调政治对抗和差异来回应哈贝马斯和其他以协商和共识为导向的民主理念：差异会永远存在，而且应该永远存在，从冲突中得到救赎是没有希望的。与柏拉图和理性主义的政治与民主理想相反，她认为所有冲突都不存在一劳永逸的政治解决方案。相反，冲突是民主制度有生命力的标志。这就是她所说的政治的*论争性*维度（the agonistic dimension）。她将政治理解为"所有人类社会所固有的对抗维度"（Mouffe 2016；另见 Mouffe 1993；2000；2005）：无论具体的政治实践和制度如何，对抗维度永远无法消除。这也意味着排斥是不可避免的。没有排斥的理性共识、没有“他们”的“我们”是不可能的。民主社会中的冲突不应被根除。政治认同是以划分“我们”与“他们”的方式产生的（另见第六章）。此外，与杨一样，墨菲也承认情感与理性并存：“激情”也同样发挥着作用。然而，冲突并不意味着战争：他人不应被视为敌人，而应被视为对手和竞争者。这种对民主的理解承认了社会生活中纷争的现实（Mouffe 2016）。组织化的社会并不存在理性或客观的方式，因为这种解决方案也是权力关系的结果。理性的共识是一种幻想。相反，墨菲提出了论争性多元主义（agonistic pluralism）：一种基于建设性分歧的制度。正如法卡斯（Farkas 2020）所指出的，墨菲受到了维特根斯坦（Wittgenstein）的影响，后者认为任何意见上的一致都必须依赖于生活形式上的一致。不同声音的融合不是理性的产物，而是共同生活形式的产物（Mouffe 2000，70）。墨菲反对哈贝马斯以及一般的协商和理性主义方法，主张培养“一种作为民主公民的多元形式”。如果我们不能建立起这种论争性多元主义，那么另一种选择就是专制主义，即由领导者作出客观真实的决定。

朗西埃也反对柏拉图式的，以及以共识为导向的民主理念，反对专家管理和代议制民主。受特定版本的社会主义的影响，他认为拒绝直接民主就是对缺乏教育的阶级采取居高临下的态度。相反，他建议听取工人的意见。他的政治和民主观点倾向于植根于歧义和歧感的政治行动。在《歧义》(*Disagreement*)(1999）和

《歧感》(*Dissensus*)(2010) 两部著作中，他认为，当现行秩序中的不平等被阻断或重构时，平等就会展现出来。而这正是我们需要的。朗西埃质疑代议制与民主是否相辅相成。他认为，我们的制度具有代表性但不民主；它们是寡头政治。但是，“没有充分的理由说明为什么一些人应该统治另一些人”(Rancière 2010, 53)。统治阶级的权力应该受到质疑。代议制的不稳定性不应归咎于民主。他批评区分无知的大众与理智的精英。即使是危机也不能成为专家统治的理由。他在一篇访谈(Confavreux and Rancière 2020)中说：“我们的政府一段时间以来一直以危机迫在眉睫为借口，阻止将世界事务托付给普通居民，并要求将其交由危机管理专家处理。”相反，他认为普通人完全有能力获取知识。在《无知的教师》(*The Ignorant Schoolmaster*)(1991)一书中，他提出“所有人都有同等的智慧”，穷人和被剥夺权利的人可以自学成才，我们的知识解放不应受制于专家。

受墨菲和朗西埃的影响，法卡斯(Farkas)和舒尔(Schou)(2020)在假新闻和“后真相”的争论中，反对将民主理念等同于“在一种*先验的*方式之下的理性、合理性和真理”。他们对威胁民主的仅仅是谎言这一观点提出了质疑。与哈贝马斯相反，他们与墨菲和朗西埃一致，认为民主是不断发展的，是政治和社会斗争的目标。他们还质疑代议制民主：民主不仅仅是投票，理性无法拯救民主。他们反对以真理为基础的解决方案，反对政治共同体的单一模式，反对理性共识的理想，反对将共识建立在真理和理性的基础上。相反，民主总是产生不同的真理（而不是大写的“T”的真理），而且有多种依据或基础；如果说民主与真理有关，那这种真理就是差异性、多元性和多样性：

> 对于一个运作良好的民主政体而言，其应有之义并不在于它能够以理性和真理为导航，而在于它能够包容不同的政治计划和团体，并让它们发出自己的声音。民主是关于社会应当如何组织的不同愿景。它涉及情感、情绪和感受（Farkas and Schou 2020，7）。

法卡斯（2020）警告说，“假新闻”可能会成为攻击对手的一种修辞武器，他问道：谁来划定假新闻和真新闻的界限？谁能确立自己的权威地位？如果政治、真理和“后真理”的意义是被演绎和建构出来的，那么我们就应该问：谁在演绎哪一种真理论述，又是为什么？与德里达（Derrida）的观点一致，法卡斯和舒尔（2018）认为，意义的封闭依赖于排斥，论述始终是“一种政治斗争导致的特定意义的固定结果，这些政治斗争长期压制了其他替代路径”。这种做法并不意味着专业知识在民主制度中不再有任何地位；相反，这种紧张关系仍然是自由民主国家的一种动力，民主必须平衡这些力量。此外，人工智能等新技术有助于实现这一民主理想。法卡斯和舒尔（2020，9）认为，将数字技术与更具参与性和包容性的民主形式相结合是唯一的出路。

我将在下一章再次讨论情感问题。就目前而言，很明显，那些诉诸专业知识、真理、理性和共识的人（从柏拉图到哈贝马斯）与那些将民主视为斗争和/或直接参与的人之间存在着紧张关系：正如法卡斯和舒尔（2020，7）所说，民主是人民的统治而非理性的统治。协商—参与式民主理想和论争式民主理念都不同意普通人可能偏爱专制或人民可能是冷漠的警告［参见例如 Dahl 1956 或 Sartori 1987，如萨托利（Sartori）所说：选民很少行动，他们只是"做出反应"］，也不同意熊彼特（Schumpeter）等人所捍卫的观点，即"普通人根本没有*能力*理解政治决策背后的问题，因此他们乐于将这些决策交给那些他们认为更有资格处理这些问题的人"（Miller 2003，40；米勒的强调）。

但人们如何才能获得这种能力呢？是像朗西埃认为的那样，自我教育就足够了，还是像杜威提出的那样，我们需要普遍教育？杜威的民主理念是非代议制的。但即使在代议制中，我们也可以说，人们需要接受教育以便更好地选择他们的代表。此外，教育还能抵御专制主义的危险。重点不是像密尔所提议的那样，把更多的选票投给受教育程度较高的人（这也与柏拉图式的观点不谋而合），而是要教育每一个人。科学技术能否通过这种教育帮助人们克服无知？这在很大程度上取决于如何利用科学技术以及提供什么样的知识。事实是必需的，但未必能改变人们的思想，正如我们将在下文看到的，仅有信息是不够的。此外，还存在以科学技术和良好管理取代政治的危险。在政治上使用人工智能往往会得到一些人的鼓动或支持，他们认为政治斗争和混乱的复杂性可以简化为理性决策，并往往寻找着在客观上比其他选项更好的结果。有一种柏拉图式的诱惑，即把政治变成一个关于哲学真理和专业知识的问题。在“两种自由概念”（Two Concepts of Liberty）（见第二章）一文中，伯林已经警告，不要把所有政治问题都变成技术问题：如果每个人都同意某个目的，那么剩下的问题就只是手段问题了，这些问题可以“由专家或机器来解决”，政府就变成了圣西门（Saint-Simon）所说的“事物的行政”（the administration of things）（Berlin 1997，191）。此外，科学知识可能是政治判断的必要条件，但肯定不是充分条件。马格纳尼（Magnani 2013）认为，我们在道德方面所需的知识不应仅仅是科学知识，“还应该是蕴含在重塑的‘文化’传统中的人文和社会知识”；我们需要一种“能够应对新的全球条件下人类生活”的道德，这需要将那些在空间或时间上往往非常遥远的结果纳入考量，而这需要想象力。政治知识也是同样道理。此外，有人可能会争辩说，正如杜威所提出的那样，让政治更具包容性、减少技术官僚主义并依靠集思广益，这是解决这些问题的一种方法，因为它带来了社会和政治知识：这些知识嵌入在具体的历史和文化背景之中并由其塑造，而科学是无法（轻易地）提供的。这可能有助于政治想象力。

但是，如果民主需要更多的协商和参与，那么人工智能的作用是什么？它能否有助于本章讨论的理论家们所设想的那种协商、沟通、参与和想象力？或者它仅仅是操纵选民的工具，更广泛地说是“把人变成物（数据）”的工具？它能否有助于公共推理，抑或是对这种理想的一种威胁？因为它提出的建议以及提出建议的方式可能并不透明，而且——至少就机器学习而言——它的工作方式与推理或判断毫无关系。人们（包括政治家）是否有足够的知识和技能来处理人工智能和数据科学提供的信息，还是说我们掌握在技术精英的手中，他们知道什么对我们有利？用斯坎伦（Scanlon）的话说，如果人工智能提出了一条“任何人都无法合理拒绝”的规则怎么办（Scanlon 1998，153）？人工智能主要是为柏拉图式的治理模式创造环境，还是有可能实现哈贝马斯或杜威式的民主？人工智能是否会被用于理性和客观的一方，从而有可能对抗被认为过于感性的人们？它是否也能在论争式的激进民主中发挥作用，包括保持差异和促进所有人的解放？进一步讨论这些问题的一种方法是指出信息气泡和回音室的问题，我们现在来谈谈这些问题。

信息气泡、回音室和民粹主义

基于这些协商式民主和论争式民主的理念，我们可以提出，人工智能等智能技术应有助于通过社交媒体实现更加广泛的、更具包容性的政治参与。但是，我们应该考虑到这些技术在知识方面的挑战和局限性。

互联网和社交媒体的一些问题在媒体研究中早已广为人知。例如，桑斯坦（2001）分析了与个性化、碎片化和两极化相关的问题，帕里泽（Pariser 2011）认为个性化会产生过滤气泡（filter bubble），限制我们的视野。但现在，社交媒体和人工智能的结合加剧了这些趋势。这个问题被表述为信息气泡和回音室（Niyazov 2019）：个性化算法向人们提供他们可能会感兴趣的信息，其结果是人们被隔离在气泡中，在那里他们自己的信念得到了强化，而不会接触到相反的观点。这使得古丁（Goodin 2003）所设想的政治想象力变得更加困难：它似乎会阻碍而不是促进移情政治（empathic forms of politics）。政治两极分化也更加严重，这使得达成共识和采取集体行动成为不可能，存在着社会分裂和瓦解的风险。人们认为社交媒体问题尤为严重：虽然印刷出版物、电视和广播都有自己的回音室，但它们仍然"实行一定程度的编辑控制"（Diamond 2019，22）。而社交媒体的回音室缺乏这种控制，从而导致两极分化和仇恨语言。

如果你想要按照哈贝马斯那样进行理性的、以共识为导向的辩论，这就有问题了。但是，如果人们无法接触到相反的观点，即使是论争式民主也很难实现。埃尔-贝尔马维（El-Bermawy 2016）认为，地球村已被"日渐疏远的数字孤岛"所取代，隔离现象正逐渐严重。在脸书上，我们消费的大多是与我们观点相似的政治内容。这样一来，我们就会形成一孔之见。阮（Nguyen 2020）对"认知气泡"（epistemic bubbles）和"回音室"进行了区分。"认知气泡"排除了相关的声音（通常是无意的），而"回音室"则是一种持续的主动排除其他相关声音的结构，在这种结构中，人们开始不信任所有外部来源。例如，搜索引擎可能会通过其运作方式将用户困在过滤气泡和回音室中，这威胁到多样性，进而威胁到民主（Granka 2010）。这无疑是一种风险，尽管实证研究发现，社交媒体也会让用户接触到相反的观点，但只有一小部分用户会刻意寻求跳出回音室式的舆论环境（Puschmann 2018）。社交媒体还能让人们发表在主要新闻媒体上会被审查掉的观点。从这个意义上说，至少有机会实现意见的多样性。

然而，根据协商民主的理念，民主不仅仅是交换意见，而且超越了短暂的忧虑。例如，协商民主的理念是关于理性的公共使用，包括商议如何在更长的时间内共同生活及承担义务。本哈比（Benhabib）（在 2008 年 Wahl-Jorgensen 的采访中）反对将民主简化为通过互联网“不受约束地交换意见”的观点，也反对忽视长期“行动承诺”的观点，例如将部分收入捐献给社区。人工智能还可能威胁到哈贝马斯、阿伦特等人所设想的沟通理性和公共领域。本哈比认为，“如何将这些传播、信息和舆论建构的网络与公众决策性表达之间的互动进行概念化”是一个挑战。

从知识的角度来看，我们可以认为回音室威胁着民主的认知基础——至少根据协商式民主、参与式民主和共和式民主是如此。正如金基德（Kinkead）和道格拉斯（Douglas）（2020）所阐述的那样：从卢梭、密尔到哈贝马斯、古丁和埃斯特伦德等政治思想家都相信民主的认知力量、美德和正当性，因为自由的公开辩论允许我们追踪真相，分享和讨论各种观点。然而，社交媒体与大数据分析的结合改变了政治传播的本质：现在不再需要通过广播将自己的观点显露在公众的讨论和监督之下，而是可以向世界各地的许多人发送极具针对性的信息，从而在全球范围内“窄播（narrowcast）政治信息”。这将带来认知上的影响：

> 民主的认知美德面临的一个风险是，封闭的社交网络占据了公共空间，使之成为私人领域。一旦成为私人领域并只在相似的人之间进行分享，政治论述就会失去某种认知上的稳健性（epistemic robustness），因为各种思想不再受到多元观点的挑战。

此外，在私下讨论中，更容易使用操纵手段而不被参与者察觉。密尔认为，在开放的思想市场中会出现更好的想法和真理：但现在这种开放性受到了回音室、过滤气泡和窄播的威胁。

在更广泛的意义上，人们可以说，从民主的角度来看，这种公共领域的私有化是很成问题的，因为民主需要一个*公共*领域，政治是关于公共事务的；回音室等现象会危及这一点。但公共领域到底是什么，在当前的数字技术条件下，“公共”又是什么？当人们在社交媒体上分享自己最私密的想法和感受时，公共与私人的区分似乎已经过时，而基于身份认同的技术和政治也给这种区分带来了压力。尽管如此，基于协商民主理论所提出的理由，保留并捍卫“公共”的观念还是有好处的。此外，人们还可以指出集体的问题需要集体解决方案。库尔德里（Couldry）、利文斯通（Livingstone）和马卡姆（Markham）（2007）写道，正如公民身份不仅仅是一种生活方式的选择一样，公共议题和政治“涉及的不仅仅是‘社会归属’或身份认同的表达［另见反对身份政治的论点］。尽管后现代主义思想家对公共/私人区分的瓦解感到兴奋，但这一区分仍然至关重要”。他们认为，民主需要一些公共议题的观念，这些议题需要共同的定义和集体的解决方案。但技术可能不容易区分公共和私人问题。政治批评可能经常被排除在被称为“政治”的公共领域之外，而在艺术和社交媒体等其他领域进行，这些领域可能是公共的，也可能不是公共的，或者只是在某些方面是公共的。

与此相关的一个问题是民粹主义，它可能以各种方式与人工智能联系在一起。例如，民粹主义政治家利用人工智能分析选民偏好的数据。在民主社会中，政治家知道公民需要什么固然是好事，但这种人工智能的使用“可能会变成煽动性的大众呼吁，而不是美国开国元勋等人所设想的理性的协商过程”（Niyazov 2019）。一些理论家对民粹主义持比较积极的态度。拉克劳（Laclau 2005）认为，民粹主义不仅是一种本体式经验现实（一种特殊的政治），而且是政治的同义词；这就是政治本身。他看到了一种重新启动政治计划的可能性。但本章所讨论的大多数理论以及诸如占领（Occupy）等社会运动都与民粹主义保持距离。无论如何，在社交媒体中我们看到了对非精英们评论的推崇和美化，以及对专家知识的否定（Moffitt 2016），这被称为“认识论的民粹主义”（epistemological populism）（Saurette and Gunster 2011）。莫菲特（Moffitt

2016）认为这有积极的一面，例如揭露腐败现象，但也指出了回音室的问题。社交媒体会助长民粹主义的传播，加剧意识形态的分裂，并偏好病毒式传播和即时性，而不是讨论和理解的政治性。虽然社交媒体并不一定由人工智能驱动，但人工智能可能会通过过滤和管制信息的方式并以机器人的形式在其中发挥作用，从而影响政治传播并有可能影响选民的偏好。这可能会让社会为一个专制领导人做好准备，他自称体现人民意志，其个人执念成为国家执念。人工智能通过社交媒体可以促进民粹主义的兴起，并最终导致专制主义的兴起。

更多问题：操纵、替代、责任和权力

人工智能可以用来操纵人。我已经提到了“助推”的可能性，它可以影响决策（见第二章）。与其他数字技术一样，人工智能甚至可以用来塑造人类的经验和思想。正如拉尼尔（Lanier 2010）以技术专家的名义所说：“我们通过直接操纵你们的认知经验来摆弄你们的哲思，而不是间接地通过争论。只需一小部分工程师就能以惊人的速度创造出塑造整个人类经验未来的技术。”在代议制民主及其投票程序的情形下，人工智能和其他数字技术可以通过个性化广告等方式引导选民支持某个政治家或政党。尼亚佐夫（Niyazov 2019）认为，这可能会导致少数人（摇摆不定的选民）的暴政。剑桥分析公司（Cambridge Analytica）（见第二章）是一个众所周知的操纵他人的案例，该公司在未经脸书用户许可的情况下获取了他们的私人数据。据称，这些数据被用于影响政治进程，例如唐纳德·特朗普 2016 年的总统竞选活动。看看贝尔（2016）的政治领导力标准，人工智能的操纵性使用也可能反映出一种远离了智力、社交技能和美德的转变。据他的看法，如果人工智能要接管政治领导权，那么人工智能是否具备所需的智力、社交技能和美德是值得怀疑的。

无论如何，用人工智能取代人类领导都是危险的和反民主的。危险不仅在于接管人类的人工智能可能会毁灭人类，还在于它的统治或它所声称的统治是*为了人类的最大利益*。这是科幻小说的经典路数［例如电影《我，机器人》（*I, Robot*）或尼尔·阿瑟尔（Neal Asher）的小说《政体》（*Polity*）］，也是所有民主理想的危险所在：正如达姆尼亚诺维奇（Damnjanović 2015）所言，它摧毁了自由民主，因为它摧毁了公民自主意义上的自由，最终它也使我们失去了政治本身。只有对柏拉图进行非常特殊的诠释才可能会去支持这种设想，在这种诠释中，人工智能将扮演人工哲学王的角色（或许结合现代功利主义论点，旨在实现全人类效用最大化，或结合霍布斯的论点，旨在实现人类的生存与和平）。这样，国家之船的船长或掌舵人（*kybernetes*）届时变成了自动驾驶员。或许它甚至可以为整个人类和地球导航。我们在此讨论的所有民主理论都对这种设想提出了正确的批评。我们也不清楚这样的人工智能是否会拥有*实际上*的权威，无论其是否正确和公正。

从技术哲学的角度来看，这种情景和讨论表明，人工智能不仅仅是一种技术，而且始终与道德和政治可能性相关联。它们说明了人工智能的非工具性：人工智能不仅是政治的工具，而且会改变政治本身。此外，即使人工智能是在民主框架内使用的，当决策是基于人工智能的建议时，也会出现责任和合法性问题，特别是如果这些决策的作出并不透明，或者在决策过程中引入或复制了偏见。一个众所周知的例子是，人工智能帮助美国法官处理刑事判决、假释和获得社会服务资格等事项（见第三章提到的 COMPAS 案例）。对于一个民主国家来说，公共责任至关重要：对公民作出决定的公职人员应该承担责任，如果他们高度依赖人工智能作出决定，如果人工智能作出决定的方式既不透明也不中立，那么如何保持这种责任感就不清楚了。后者也很重要，因为正如第二章末尾提到的，人们可以将平等视为民主的一个条件。从这个角度看，如果我们被一个垄断的科技行业所控制，其控制了数据及其流动，从而最终控制了人民，这也是非常有问题的。尼米兹（Nemitz 2018）对当今的数字权力集中提出了批评。他认为，人工智能带来的挑战不能仅靠人工智能伦理来解决，而是需要通过一种经由民主进程产生的具有强制力和正当性的规则来应对。他呼吁建立一种民主的人工智能文化。

在处理假新闻和虚假信息时，大型科技公司的权力也会带来问题。虽然假新闻——以新闻形式呈现的虚假或误导性信息——也被用在那些对数字媒体技术的技术决定论、过度悲观的批判之中（Farkas and Schou 2018，302），但这些现象也对民主构成了严重的政治问题。什么算“假新闻”，由谁来决定？推特和脸书等社交媒体公司是否应该成为审查者，决定哪些内容是允许的，哪些是不允许的，而不是说由民选机构来审查？如果是，它们应该如何处理？如前所述，互联网公司采用的是内容审核——即审查制度。鉴于当前社交媒体平台的规模和时间窗口的短暂性，采取部分或完全自动化的内容审核似乎是不可避免的。但这意味着，公共言论的规则（以及什么是事实和真相的规则）是由一小部分硅谷精英制定的。这相当于一种隐性治理，远离了民主制度下媒体和公众的注目。同样，其也缺乏透明度和问责制。复杂的公正问题如何处理也不清楚，甚至有去政治化（depoliticized）的风险（Gorwa，Binns，and Katzenbach 2020）。此外，算法可能会让仇恨言论盛行，但也可能会限制用户获取内容和表达意见的自由。目前尚不清楚用户的权利是否得到了充分保护。算法对言论的管制也并不一定反映了社会的取舍。缺乏制衡机制无法确保权力的行使符合整个社会的利益（Elkin-Koren 2020）。在有效应对这一问题以及所有其他复杂的政治问题时，人工智能的能力是有限的。此外，从马克思主义的角度来看，我们可以说，言论自由本身已成为一种商品，一种在数据经济中转化为经济价值的东西。在这种情况下，政治自由和政治参与意味着什么？谁来定义进行公共讨论的条件？少数有权势的行动者设置了定义和条件。所谓的用户“协议”——用户同意脸书或推特等平台设定的条款——并非民主章程，而是命令。这个问题再次强调，人工智能并不仅仅是人类手中政治中立的工具，而是改变了游戏本身，改变了政治得以运行的条件。人工智能影响并塑造了民主本身。尼亚佐夫（2019）认为，开放社会可以应对民主与平等方面的挑战，因为它们为批判性思考提供了途径。但如果开放社会变成了另一种东西，一种更不透明、更不利于批判性思考的东西呢？

还要注意的是，在民主政体中需要在不同的政治价值观之间作出艰难的权衡，例如自由与平等。正如我们在第二章中所看到的，托克维尔认为两者之间存在着根本性的矛盾。他担心过多的平等会削弱对个人自由和少数人权利的保障，从而可能导致暴政。卢梭则认为，民主和真正的自由需要政治和道德上的平等，而这需要最低限度的社会经济品质。如今，政治理论界关于平等的争论仍在继续，例如对皮凯蒂著作的回应。在第三章中，我们已经看到，人工智能会以各种方式影响平等。民主政体的成功及正当性还取决于能否协调和平衡不同的政治原则，而人工智能不透明、不公开的方式已经影响了这些不同政治原则和价值的实现，这可能会对民主政体产生冲击。例如，如果正如卢梭所主张的那样，民主需要道德上的平等，那么这就已经是一个减少社会不平等的充分理由，而不管其他价值如何。如果人工智能增加了不平等，例如因为它导致失业或增加偏见，那么根据这一推理，这就是不民主的，因为它增加了*道德和政治上*的不平等。然而，民主也需要维护自由，例如包括充分程度的消极自由。如果商品的再分配会导致消极自由的减少，那么我们就需要在自由与平等之间找到一个可以接受的平衡点。一旦我们考虑各种公正的观念，这种平衡就会变得更加困难，因为这些观念可能并不总是以平等本身为目标，而是例如以（现在或以前的）弱势群体的优惠待遇为目标。因此，论证人工智能不民主的理由可能不得不依赖于平等和公正等其他价值，而这些价值之间可能存在紧张关系。在讨论人工智能和其他问题时，诉诸民主是无法回避有关于这类协商和平衡行为的政治难题的。

总之，我们在这里看到的不仅是人工智能可被用作直接破坏民主的工具，它还会产生预期之外的副作用，例如使协商民主的理想更难实现、强化民粹主义、威胁公共责任以及加剧权力集中。此外，有关人工智能的政策必须平衡不同的、暗藏着冲突的政治价值。

人工智能与极权主义的起源：来自阿伦特的教训

人工智能与极权主义

民主的定义也可以与专制主义和极权主义相对照。后者不仅是专制主义，因为它拥有强大的中央权力，严重违反了迄今为止任何意义上的民主（投票、公民参与、多元化和多样性等），而且还深度干预公民的公共和私人生活。它的特点是政治压迫、新闻审查、大规模监控、国家恐怖主义以及完全没有政治自由。历史上，希特勒（Hitler）统治下的纳粹德国和墨索里尼（Mussolini）统治下的法西斯意大利等都是极权主义政权的例子。如今，数字技术为监控和操纵提供了新的手段，这可能支持或导致极权主义。人工智能就是这些技术之一。它不仅可以帮助专制统治者及其支持者操纵选举、传播错误信息、控制和镇压反对派，还可以帮助建立一种特殊的监视和控制：*全面*监视和*全面*控制。布鲁姆（2019）警告说，“极权主义4.0”的威胁会导致“每个人都将被全面分析和计算。他们的一举一动都会受到监控，他们的每一个偏好都会被了解，他们的整个生活都会被计算出来并变得可以预测”（vii）。如果通过人工智能的监控手段可以了解每个人的情况，那么就可以说人工智能比我们更了解我们自己了。这就为家长制（第二章）和专制主义开辟了道路。正如麦卡锡-琼斯（McCarthy-Jones 2020）所说：

> 个人主义的西方社会建立在这样一种理念之上：没有人比我们更了解我们的想法、欲望或快乐……而人工智能将改变这一切，它将比我们更了解我们自己。拥有人工智能的政府可以声称其知道人民真正想要什么。

人工智能实现了数字版的“老大哥”（Big Brother），每个公民都受到“电幕”（telescreens）的持续监控。这在今天听起来相当耳熟，尤其是在具有专制和极权倾向的国家，但不限于这些国家。在技术上，几乎没有什么能阻挡国家利用人工智能和数据科学进行大规模监控。一些国家建立的社会信用体系就是基于个人留下的数字足迹。国家可以使用监控摄像头拍摄的视频、人脸识别软件、语音识别以及大型科技公司的私人数据。戴蒙德（2019，23）称这是一种“后现代极权主义”（postmodern totalitarianism）。

然而，人工智能不仅被用来支持国家极权主义，它还促成了一种企业极权主义。再想想祖博夫的说法：我们生活在“监控资本主义”（Zuboff 2015；2019）之下：一种通过监控和调节人类行为的资本主义积累的新逻辑。祖博夫（2015）没有提到“老大哥”，而是谈到了“大他者”（Big Other）：我们面对的不是中央集权的国家控制，而是“一个无处不在的网络化制度体系，它将每天的生活进行记录、调节并使之商品化，包括从烤面包机到身体、从沟通到思想，所有这些都是为了建立新的货币化和利润途径”。在社交媒体上，这种情况可能已经在一定程度上发生了，但随着“物联网”和相关技术将我们的家庭、工作场所和城市转变为智能环境，我们也可以很容易地想象，这些地方会如何越来越多地转变为一切都在人工智能等电子技术监视下发生的地方。人工智能不仅会监视我们，还会对我们的行为作出预测。因此，人工智能和数据科学可以成为新形式的极权主义的工具，在这种情况下，人工智能比我们更了解我们自己，甚至比我们*更早*地了解我们自己。正如赫拉利在接受 *WIRED* 采访时所说（Thompson，Harari，and Harris 2018），人类的感受和选择不再是神圣的领域。人类现在可以被完全操纵：“我们现在是可被破解的（hackable）动物。”这为政府和企业的暴政提供了可能性。通过人工智能和相关技术获得的知识可以用来操纵和控制我们。

因此，借用阿伦特（2017）的一句话，技术有可能成为*极权主义的起源*之一。从民主到极权的转变，并不会（只是）因为一个元首（*Führer*）或主席上台接管政权并公开摧毁民主而发生，例如通过革命或政变的方式；相反，这个过程不那么明显，速度也比较缓慢，但效果却丝毫不减。通过人工智能和其他电子技术，权力的天平慢慢落入少数有权势的人手中——无论是在政府还是在企业——当然这也远离了人民，如果他们原本就拥有很大的权力的话。因此，人工智能不仅仅是一种工具，它改变了游戏规则。当人工智能应用于政治领域时，它也会改变政治领域，例如当它有助于为极权主义创造一种动力时。

然而，技术并不是危及民主的唯一因素，其影响当然也不会脱离其运行和所依的人文社会环境。这里所说的危险不能也不应仅仅归咎于人工智能。人类和社会环境以及它们与技术的互动方式至少同样重要。为了理解这一点，我们需要从那些对历史上专制主义和极权主义事例进行分析的学者那里汲取教训，他们试图搞清楚民主政体如何会恶化到与之相反的东西，他们从规范性观点出发，认为过去发生的事情不应该再次发生。在20世纪，许多知识分子在第二次世界大战后确切地提出了这些问题，阿伦特就是其中之一。

阿伦特关于极权主义的起源和平庸之恶

《极权主义的起源》(*The Origins of Totalitarianism*)(2017)最初出版于1951年，是以纳粹德国的极权主义为背景写成的。在该书中，阿伦特不仅描述了极权主义的具体形式，她还探究了为极权主义作准备的社会条件。她认为，如果极权主义运动凭借着“他们通过一贯的谎言建立和维护虚构世界的无与伦比的能力”以及他们对“现实整体结构的蔑视”（xi），成功地建立了一种对社会的极权主义改造，那是因为现代社会已经具备了为此作好准备的条件。她指出，现代人无法生活在他们用愈加强大的权力为自己创造的世界里，也无法理解这样的世界。她特别强调了孤独感（loneliness）——“孤立并且缺乏正常的社会关系”——是如何使人们容易受到民族主义的暴力形式的影响，进而被希特勒这样的极权主义领袖所利用。更广泛地说，“恐怖只能对彼此相互孤立的人进行绝对统治”。再想想霍布斯的推论：只有当个人的生活是“肮脏、野蛮和短暂”的时候，当他们相互孤立、彼此竞争的时候，利维坦才能建立其独裁的暴力统治。问题并不在于专制和极权主义本身，而是更深层次的创伤：团结和集体行动的缺失，最终导致政治领域本身的毁灭。阿伦特写道：“孤立（isolation），是当人们生活于其中的政治领域以及他们为追求共同关心的集体行动被摧毁的时候，人们被迫陷入的僵局。”它意味着一个没有信任的世界，一个“没有人可靠，没有什么可以依赖”的世界（628）。

如今，当我们考虑特朗普主义（Trumpism）、假新闻和（非政府的）恐怖主义时，那些使自己及其追随者“免于真实性的影响”（Arendt 2017，549）的运动现象听起来颇为熟悉，就像谈论孤独和无法理解这个世界一样。这不仅是受教育程度较低或被社会排斥的人们的问题。许多特朗普的支持者都是中产阶级（Rensch 2019）。当然，并不是所有的人都是或曾经是孤独的，也不是所有的人都没有朋友。但在阿伦特的意义上，他们可以被视为*政治上*的孤独，缺乏一个团结和信任的世界。在承认偏见、剥削和新殖民主义等问题相关性（见第三章和第五章）以及民粹主义和右翼宣传与意识形态的作用的同时，我们可以说，在如今的美国，政治孤立和一个缺乏信任的世界为专制主义的崛起提供了理想的土壤。如果阿伦特是对的，那么专制主义和极权主义与其说是创建了一个受损的社会结构，不如说是在一个*已经*受损的社会结构上生长。从阿伦特的角度来看，严格地说，极权主义不是一场政治运动，而是一场破坏政治领域本身的运动。它不仅是专制主义意义上的反民主，而且是“有组织的孤独”（organized loneliness）（Arendt 2017，628），是对彼此信任的破坏，是对真理和事实信仰的腐蚀。有鉴于此，我们必须再次提出与技术有关的问题：人工智能等当代技术是否会助长这些条件，如何会，又是如何助长的？

人工智能当然可以用来屏蔽人们对现实的感知或制造对现实的扭曲。例如，它可以制造前面提到的认知气泡或直接传播错误信息。但它也可以助长阿伦特所提到的极权主义的潜在社会心理和社会认知条件。这个论点的其中一个版本可以通过关注字面意义上的孤独来打造（因此与阿伦特有些不同）。特克尔（Turkle）认为，机器会助长孤独感，因为它们只会给我们带来陪伴的假象。在《群体性孤独》（*Alone Together*）（2011）一书中她写道，机器人

“可能会给人一种陪伴的假象，而不需要友谊”。我们被网络联结着，但却感到“完全孤独”。我们可能不再冒险与人类建立友谊，因为我们害怕随之而来的依赖。我们躲在屏幕后面，甚至给别人打电话也会被认为过于直接。但如果我们这样做，我们就错失了人类之间的共鸣和相互照顾，错失了对彼此需求的回应机会，错失了真正的友谊和爱。我们还可能把他人当作物品，利用他们来满足自己的舒适或娱乐。这些风险有多大，是否是社交媒体造成的，尚存争议；特克尔很可能过于轻视技术带来的积极的社会可能性。但是，“群体性孤独”的危险需要认真对待。如果阿伦特是对的，那么这种孤独就不只是个人层面上的悲哀；如果它导致信任和团结的普遍丧失，那么它也是一个*政治*问题，而且是一个很危险的问题，因为它会为极权主义提供土壤。

只要人工智能和其他数字技术助长了这些现象，它们在政治上就是有问题的。例如，考虑一下社交媒体如何制造焦虑并可能导致部落化（tribalization）：我们不断受到耸人听闻的坏消息的轰炸，并且只相信来自我们“部落”的信息（Javanbakht 2020）。回音室和认知气泡进一步助长了这种部落化。焦虑加剧了孤独和分离，部落化不仅可能导致政治两极分化和公共领域的分别调配，还可能导致暴力。此外，当阿伦特（2017，573–574）声称纳粹集中营以科学控制的方式将人变成了纯粹的物品时，我们也可以考虑，当代通过人工智能进行行为操纵的形式可能会产生类似的道德影响，因为它们将人变成了阿伦特所说的“行为反常的”动物

（perverted animals），任由其非法侵入。再考虑一下监控资本主义，以及数据经济是如何建立在对人的剥削和操纵之上的。还有更多与第二次世界大战中发生过的暴行相似之处，以及更一般意义上的极权主义的罪恶相似之处。在《隐私即权力》（*Privacy is Power*）（2020）一书中，卡丽莎·贝利斯（Carissa Véliz）将当代专制政权掌握我们个人数据的情景与纳粹利用登记册大肆屠杀犹太人的情景进行了比较（115）。正如她所说："数据收集可以杀人"。人工智能和数据科学可被用于此类目的，而且不那么明显地为此类现象创造了条件。然而，破坏、建立或维持极权主义政权的从来都不是技术本身，还需要人：特别是服从命令的人、不反抗的人。这就引出了阿伦特的另一本书：《艾希曼在耶路撒冷》（*Eichmann in Jerusalem*）（2006），其因副标题而闻名："一份关于平庸之恶的报告"（A Report on the Banality of Evil），该书由阿伦特写于 1963 年，她分析了两年前对阿道夫·艾希曼（Adolf Eichmann）的审判，艾希曼是一名纳粹分子，在第二次世界大战期间大规模屠杀犹太人中扮演了重要角色。阿伦特目睹了审判过程。报告引起了巨大反响。阿伦特并没有将艾希曼视为怪物或仇视犹太人的人，而是认真分析了他自己的观点，即他是奉命行事："只有当他没有按照命令行事时，他才会良心不安"。他的"职责"是服从命令，遵守纳粹德国的法律，也就是听从*元首*的命令。没有例外；服从是一种"美德"。（247）这一分析有助于阿伦特探究极权主义的起源：她的结论是，服从而不反抗是罪恶的一部分。如果没有许多像艾希曼一样“只是”服从命令、追求事业的人，纳粹德国就不可能犯下罪行和暴行。这是极权主义邪恶的平庸、普通的一面，但其“可怕”程度丝毫不减。在阿伦特看来，这种服从比极权主义领袖的内心世界和动机更为重要。然而，她希望总会有一些人进行反抗：“在恐怖的条件下，大多数人会服从，但有些人不会”。

要了解人工智能与极权主义之间的关系，意味着我们不仅要关注人们的意图和动机（可能是好的、坏的——例如，意图操纵他人以攫取权力；或平庸的——例如，在人工智能公司以数据科学家为职业），而且也要考虑非预期性的后果以及*只是做好本职工作*会如何导致这些后果。通常，偏见并不是有意造成的。例如，某个开发人员和数据科学家团队极有可能*无意*增加社会中的偏见。但是，在更大的公司或政府组织中工作，他们可能就会这样做。虽然*可能*有少数人（在科技公司或其他地方）怀有不良意图，但一般情况下并非如此；相反，只是做好本职工作和服从权威可能会导致偏见的产生或扩散。从阿伦特的角度来看，坏或恶在于不质疑、不思考，只是做自己应该做的事。它存在于人们在日常技术实践和相关等级结构中履行“职责”的平庸之中。恶就恶在顺从规则的那一刻，为了避免糟糕或邪恶的结果，就必须不顺从规则。或者从政治角度讲：当抵抗是正确的事情时，邪恶就在不抵抗的那一刻。

抵抗不仅在极权主义统治下非常重要，在民主社会中同样非常重要。在某种程度上，法律框架本身就包含了不服从的可能性。

正如希尔德布兰特（Hildebrandt 2015）所言，“不服从和可质疑性是在一个法治民主政体中的法律的标志”。在法治民主政体中，公民可以对规范及其适用提出质疑。但是，与阿伦特一样，我们可以进一步提出一个更具争议性的观点，即*无论*（法院）法律怎么规定，出于道德和政治原因，抵抗都是合理的，也是必要的。无论如何，阿伦特关于盲目遵守规则和命令是危险的和有道德问题的这一观点，在民主政体中也是适用的。

与此相关的一个论点是缺乏*思考*。受《艾希曼在耶路撒冷》的启发，麦奎兰（McQuillan 2019）认为，由于人工智能为人们提供了“风险的经验性排序，而人们却无从质疑其推导过程”，因此该技术“鼓励了汉娜·阿伦特所描述的那种缺乏思考的行为：无法对指令进行批判，缺乏对后果的反思，一味相信正在执行正确的命令”（165）。人工智能所使用的统计方法的危险还在于，只要它是以历史数据为基础，我们就会得到更多相同的东西，我们就会停留在旧的状态。阿伦特在《人的境况》（1958）中写道：

> 新事物的出现总是与统计规律及其概率的压倒性优势背道而驰，而统计规律及其概率对于所有实用的日常目的来说都相当于确定性；因此，新事物总是以一种奇迹的面目出现。人具有行动能力的事实意味着，可以在他那里期待着意想不到的事情，即他能够去展现无限不可能的事情。

虽然麦奎兰看待人工智能的方式听起来过于确定，并且没有必要假设人类和技术之间存在严格对立的风险（人类也发挥着作用），但人工智能的特定用途——即人工智能与人类的特定组合——存在着一种重大危险，即它有助于形成极权主义得以发展壮大的条件。

关于条件这一点很重要。为了避免人工智能极权主义（并维护民主），仅仅指出科技公司和政府组织中人们的责任并要求他们应该改进技术设计和数据等等是不够的。还必须提出这样的问题：可以创造什么样的社会环境来支持人们履行这一责任，并且当人们认为进行抵抗是正确的做法时，如何让他们更容易质疑、批评甚至抵抗？可以设置哪些障碍来阻止从民主到极权的转变？我们又该如何创造条件让*民主*蓬勃发展？

当然，这些问题的答案取决于民主（和政治）的理想；在本章中，我已经概述了其中一些理想以及它们之间的紧张关系。但是，我们还需要做更多的工作，去挖掘使民主发挥作用的条件。在这方面，哲学和科学（以及艺术）可以进行合作。例如，受米森（Miessen）和里特（Ritt）（2019）关于右翼民粹主义空间政治的论文集的启发，我们可以问一问民主的空间和物质条件。什么样的空间有利于民主协商？人工智能可以创造什么样的空间？人工智能如何帮助为民主创建良好的架构，无论是从字面上还是从隐喻上？我们需要什么样的*广场*（agora）和公共空间，不仅在概念上，而且在具体内容、物质和空间上？政治和社会与物质性人造物之间的关系又是什么？例如，我曾在其他地方（Coeckelbergh 2009a）提出过“人造物的政治”（politics of artifacts）的含义：我质疑阿伦特在《人的境况》中以人类为中心的*政体*的定义，该定义假定了人与人造物之间的严格区别，但我强调政治事件的重要性（她在序言中提到了人造卫星的发射），并重拾了这样一个观点，即对于公共领域而言我们需要一个将我们聚集在一起的共同世界，或许在某种程度上包括一个“事物的共同体”（community of things）（Arendt 1958，52–55）。在第六章中，我将进一步讨论将非人类纳入政治领域的想法以及这种混合性（hybridity）在政治中的角色。更一般地说，我们需要更多地了解政治和社会与知识、空间和物质技术之间的确切关系。我们需要根据新技术和技术环境来思考民主的条件和公共领域的建设。

政治哲学和技术哲学可以为这一计划作出的贡献是，将权力及其与技术的关系概念化——后者理解得更少。如果我们想更好地理解我们正在共同做什么，以及在人工智能等技术的影响下我们*可以*共同做什么（不仅是危险，还有机遇），我们就需要理解权力是如何运作的，以及它与知识和技术的关系。这就是下一章的主题。

第五章　权力：通过数据的监控与（自我）规训

导言：作为政治哲学主题的权力

谈论政治的一种方式是使用权力的概念。权力通常被视为负面的，或作为事物真实情况的描述，而非理想。例如，权力被用来回应那些捍卫自由民主的协商式和参与式理想的人。再看杜威的参与式民主理想，批评者认为，这一理想是天真的，因为它避而不谈冲突和权力。特别是，它被认为对普通公民明智地进行判断和行动的能力以及达成共识的机会过于乐观，从而忽视了希尔德雷思（Hildreth 2009）所说的"人性中的黑暗力量，包括对权力的渴求以及为了自身利益而操纵社会关系的意愿"。在杜威之后不久，米尔斯（Mills）在《权力精英》(*The Power Elite*)(1956）一书中写道，美国社会被企业、军队和政府中的人所统治，这些人"掌控着现代社会的主要阶层和组织"，并能获得其中的权力和财富。参与式民主的捍卫者可能会想象，公民通过多个自愿协会进行负责任的监督，这些协会能够将辩论的公众与决策的顶层联系起来，然而米尔斯看到的却是一个由精英运行的“有组织的不负责任的体系”。杜威所想象的公共问题解决方式在大范围内是行不通的。政治需要争夺权力，不能以解决问题的科学模式为蓝本。杜威忽视了权力在社会中是如何分配的，也忽视了社会的严重分化。正如我们在上一章中看到的，这种批评也与墨菲和朗西埃的观点一致，只不过他们提议把权力当作非共识和论争主义来进行检视。而马克思主义质疑社会阶级之间的权力分配，强调资本如何将权力赋予拥有资本的人。在这两种情况下，权力都与斗争联系在一起，其在特定条件下可以得到有效使用。

权力与理想对立的另一个例子与人工智能直接相关，是权力与同意的自由（freedom as consent）。在美国和欧洲，点击同意某个互联网平台的服务条款——包括其数据处理政策，进而同意人工智能的工作方式——是为了保护消费者的权利，包括他们的自由。然而，正如比蒂（Bietti 2020）所言，这种监管手段未能考虑到这些个人同意行为发生的不公正背景条件和权力结构。如果权力失衡“影响了作出同意决定的环境”，那么同意就是一个“空洞的杜撰”。权力还被视为对真理的威胁（Lukes 2019）和具有潜在的欺骗性。权力可用于胁迫，例如在极权国家中。但它也可以采取各种形式的操纵，这威胁着理性和批判能力的发展。当你一直处于竞争环境中，没有时间放慢脚步时，思考也会变得困难（Berardi 2017）。因此，权力被视为思考本身的敌人。

然而，权力并不一定是坏事。福柯提出了一种有影响力的、更复杂的权力观。受尼采（Nietzsche）的启发，福柯（1981，93–94）从权力特别是力量关系的角度对社会进行了概念化。但他的观点与马克思主义大相径庭。他不是自上而下地从集中化的主权及其统治者或精英的权力角度来分析权力，而是提出了一种自下而上的方法，从权力的微观机制和运作入手，这些机制和运作建构了主体，产生了特定类型的身体，并渗透到社会的方方面面。他分析了监狱和医院中这些权力的微观机制。福柯（1980）没有将权力与霍布斯思想中的中央专制君主利维坦的首脑联系起来，而是关注权力的多元性和身体：关注“由于权力的影响而成为边缘主体的无数身体”以及权力的“微小机制”。权力是在社会实体中施行的，“而不是在它之上来施行”；它通过社会实体进行“流动”。此外，福柯感兴趣的是权力如何“深入到个人的纹理之中，触及他们的身体，并将它自身植入他们的行动和态度、他们的话语、学习过程和日常生活之中”。个人不仅是权力的施力点；相反，他们同时实施权力和承受权力；他们是“权力的载体，而不是权力的应用点”。个人是权力的产物。

这些不同的权力观对人工智能政治意味着什么？人工智能是否被那些操纵社会关系为自己谋利并欺骗我们的人所利用？它又是如何与福柯所描述的权力微观机制相互作用的？人工智能建构了什么样的个人、主体和身体？在本章中，我将提出这些问题，并将政治和社会权力理论应用于人工智能。首先，我将使用萨塔罗夫提出的关于权力与技术的总体概念框架，以区分人工智能可能影响权力的各种方式。然后，我将借鉴三种权力理论来阐述人工智能与权力之间的某些关系，即马克思主义和批判理论、福柯和巴特勒，以及我在自己的作品中提出的以表演为导向的方法。最后，我将得出一个结论，即我所称的“人工权力（artificial power）”（本书最初的书名）。

权力与人工智能：一个总体概念框架

政治与技术的关系是当代技术哲学中一个众所周知的主题。温纳（1980）的研究表明，技术可能会产生意想不到的政治后果，而芬伯格（1991）的技术批判理论不仅受到马克思和批判理论（尤其是马尔库塞）的启发，而且以经验为导向。然而，虽然在其他领域（如文化研究、性别研究、后人类主义等领域），人们对*权力*有着浓厚的兴趣，但在技术哲学领域，却鲜有对这一主题进行系统的哲学处理和概述。在计算伦理学中，有关于算法权力的研究（Lash 2007；Yeung 2016），但几十年来一直缺乏一个思考权力与技术的系统性框架。萨塔罗夫的《权力与技术》（*Power and Technology*）（2019）是一个例外，该书区分了不同的权力观念并将其应用于技术。虽然他的贡献主要面向技术伦理学，而非技术政治哲学，但对分析人工智能与权力之间的关系很有帮助。

萨塔罗夫区分了四种权力观念。第一种观念，他称之为*情景性*（episodic），指的是一个行为者通过引诱、胁迫或操纵等手段对另一个行为者行使权力的关系。第二种观念将权力定义为一种*配置*（disposition）：一种能力、才干或潜能。第三种是系统性观念，将权力视为社会和政治*体制*（institutions）的一种属性。第四种观念认为权力*构成或产生*了（constituting or producing）社会行动者本身（Sattarov 2019，100）。因此，后两种观念更具结构性，而前两种观念则与行动者及其行动有关（13）。

按照萨塔罗夫的观点，我们可以将这些不同的权力观念映射到权力与技术之间的关系上。首先，技术可以（帮助）引诱、胁迫、强迫或操纵人们，也可以用来行使权力。我们也可以说，这种权力委托给了技术，或者——套用技术后现象学（postphenomenology of technology）中常用的一个概念——技术的媒介作用。例如，在线广告可以引诱用户访问某个网站，减速带可以迫使司机减速，而技术也可以进行操纵。技术可以“助推”：它可以改变选择结构，使人们更有可能以某种方式行事，而自己却浑然不觉（另见第二章）。其次，技术可以赋予人们力量，即提高他们的能力和行动潜力；技术可以增强能力。正如乔纳斯（Jonas 1984）所言：技术赋予了人类巨大的力量。考虑一下“人类世”（Anthropocene）的概念：人类作为一个整体已经成为一种地质力（geological force，Crutzen 2006）。人类获得了一种超能动力，改变了整个地球表面（另见下一章）。第三，说到体制性权力，我们可以看到技术如何支持特定的体制和意识形态。例如，从马克思的观点来看，技术可以支持资本主义的发展。这里的权力与个人行为无关；相反，它蕴含在特定的政治、经济或社会体制中，而技术为该体制作出了贡献。例如，大众媒体建构了公众舆论。社交媒体也是如此，它可能支持特定的政治经济体制（如资本主义）。最后，如果权力不仅是个人拥有或行使的东西，也不仅是应用于个人的东西，而是福柯所主张的是主体、自我和身份的构成，那么技术就可以用来建构这样的主体、自我和身份。通常情况下，技术开发者和使用者都无意这样做，但这种情况还是有可能发生。例如，社交媒体可能会建构你的身份，即使你没有意识到这一点。

这对于思考权力和人工智能意味着什么呢？

第一，人工智能可以引诱、胁迫或操纵，例如通过社交媒体和推荐系统。与一般算法一样（Sattarov 2019），人工智能可以被设计用来改变用户的态度和行为。在不使用强制手段的情况下，人工智能可以通过引诱和操纵人们，发挥“说服技术”（persuasive technology）（Fogg 2003）的作用。声破天等音乐推荐系统或亚马逊等网站旨在通过改变决策环境来引导人们的收听或购买行为（另见前述章节），例如暗示其他有类似阅读品味的人购买了 x 和 y 书籍。脸书帖子的顺序由算法决定，例如算法可以通过“传染”（contagion）过程影响用户的感受（Papacharissi 2015）。个人根据相似的兴趣和行为被归类，这可能会复制社会偏见并重申旧有的权力结构（Bartoletti 2020）。人们还被动态定价和其他“个性化”技术操纵，其利用了个人决策的弱点，包括众所周知的偏见（Susser，Roessler，and Nissenbaum 2019，12）。与所有形式的操纵一样，人们在不知不觉中受到影响而以某种方式行事。正如我们所看到的，这种对个人决策的隐蔽影响威胁到了自由，即个人自主。只要出现这种情况，我们就不再能控制自己的选择了，甚至不了解这种情况是如何发生的。根据自主的现代观念，我们是或应该是原子化的和理性的个体，虽然这一观念并不充分并受到了西方主流哲学的批评（参见，例如 Christman 2004 和 Westlund 2009 关于关系性自主的讨论），但即使作为社会人和关系人，我们也希望对自己的决定和生活有一定的控制权，我们不希望被操纵。就权力而言，上述人工智能的引诱和操纵形式（甚至更多地）将权力平衡转移给了那些收集、拥有我们数据并将其货币化的人。此外，社会中的特殊群体（如种族主义群体）可能会试图通过操纵社交媒体上的人们来获得权力。

第二，人工智能可以增强人们的个人能力。例如，自然语言处理有助于翻译，从而为个人开辟了新的可能性（同时也带来了一些问题，如去技能化和对隐私的威胁）。但是，人工智能也增加了人类和非人类对他人行使权力的可能性，最终增加了人类对自然环境和地球的权力。例如，看看搜索引擎和社交媒体，那些以前无法获得巨额数量和带宽信息的个人可能被赋予了权力，而这些人可能在传统媒体中并没有发言权。与此同时，这些搜索引擎和提供搜索引擎的公司也被赋予了很大的权力：它们左右着信息流，因此扮演着所谓的“守门人”（gatekeeper）角色。此外，这些公司及其算法还使用个性化技术：它们“按个人筛选信息”，这就引入了人为和技术的偏见（Bozdag 2013，1）。这种“守门人”角色和这些偏见会对民主和多样性产生影响（Granka 2010）。正如我们在第三章中所看到的，在权力方面，人工智能服务于某些人的利益，而不是其他人的利益。人工智能也可用于国家层面实现监控和为专制所用。它为政府及其情报机构提供了新的监控手段和能力。有时，国家和私营公司会联手提高这些能力。企业技术部门对公民的生活了如指掌（Couldry and Meijas 2019，13）。即使是自由民主国家也在安装人脸识别系统，使用预测性警务，并在边境使用人工智能工具。这里存在着萨特拉（2020，4）所说的一种新形式的“算法治理”将命令“普遍的人类行动”的风险。此外，人工智能还增强了整个人类的能力，这可能会对动物等非人类和自然环境造成影响。如果在“人类世”的背景下，人工智能进一步增强了人类干预和改造自然的能力，那么它就进一步支持了权力的持续转移：从非人类到人类的转移。人工智能有助于从地球上开采自然资源，以及人工智能技术本身的能源消耗（见第六章），但反过来其也需要使用自然资源。人工智能赋予人类权力，在个人层面可能是一种赋权，但对非人类的自然界可能会产生巨大影响，因为人类开采和改造地球的权力增加了：科学知识和技术被用来控制自然界。在下一章中，我将详细阐述人工智能政治和权力在这些非人类和地球方面的作用。

第三，人工智能可以支持新自由主义、资本主义、专制主义以及其他体制和意识形态。人工智能相关的软件和硬件系统“构成了更广泛的社会、经济和政治制度现实的一部分”（Sattarov 2019，102），其中包括社会经济体制和意识形态。这些更大的体制会影响技术的发展，例如通过创造人工智能的投资环境，但技术也可能有助于维护这些体制。例如，戴尔-维特福德、克约森和斯坦霍夫（2019）声称，人工智能是一种资本工具，因此会带来剥削，并使权力集中在高科技所有者手中——而高科技所有者又集中在美国等特定国家和地区（Nemitz 2018）。因此，人工智能不仅是技术逻辑，还创造或维持着特定的社会秩序，这里指的是资本主义和新自由主义。再考虑一下祖博夫关于监控资本主义的主张：问题不仅在于一项特定技术有问题，人工智能和大数据有助于创造、维护和扩展整个社会经济体系，在这一体系中，（一些人）通过收集和出售（许多人的）数据的技术来积累资本，从而剥削人性并将触角深入到私密领域。甚至我们的情感也会受到监控并被货币化（McStay 2018）。同样，人工智能技术可被用于支持极权主义政权或维护压迫性政治制度及其相应的叙事和形象（如种族主义乌托邦），尽管原则上人工智能也可以提供支持民主的机会——这在很大程度上取决于我们如何看待民主（见第四章）乃至政治。

大多数人工智能和人工智能政治学研究者支持民主和公平的编码方式。有些人认为，我们需要更多的限制和监管。虽然有时人工智能会被故意用来推动种族主义和民族主义政治，但压迫性影响并不总是也通常不是有意而为之的。然而，正如我们在第三章和第四章中所看到的那样，也存在有问题的非预期影响。通过引入对特定个人和群体的偏见，人工智能可能会支持种族主义和新殖民主义的政治文化和制度，或帮助专制主义或极权主义创造条件。再考虑一下诺布尔（2018）的论点：（搜索）算法和分类系统可能会“强化压迫性的社会关系”。这种“算法压迫”的一个例子就是谷歌照片将非裔美国人标记为“猿”和“动物”——这是谷歌无法真正解决的问题（Simonite 2018）。然而，人工智能的某一特定用途或结果是否存在偏见或不公正，并不总是像这个案例那样明确，它还取决于人们对公正和平等（见第三章）的理解。在任何情况下，决定、思想、行动和情感也可能被故意控制以支持特定的政治制度。在极权主义的情况下，人工智能可能会支持该体制无限地深入人们的思想和内心。

第四，人工智能可以在自我建构和主体形成中发挥作用，即使我们没有意识到这一点。这里的关键不仅在于人工智能操纵我们并深度干预个人的层面，因为它可以帮助推断人们的思想和情感——根据可观察到的行为（如面部表情和音乐偏好）推断人们的内心状态，然后由监控资本主义利用这些行为进行预测和货币化——而且还在于人工智能有助于建构我们对自身的理解和体验。虽然鲁夫鲁瓦（Rouvroy 2013）所说的“算法治理术”（algorithmic governmentality）绕过了“与人类反思性主体的任何接触”，使人类无法对我们自己的信念和自我进行判断和明确评价，并导致了个体之间的剥削关系（Stiegler 2019），但这并不意味着其对我们的自我（知识）没有影响。人工智能有助于创造什么样的自我认知和知识呢？例如，我们是否开始将自己视为待售数据的生产者和收集者？当我们追踪自己并被他人追踪时，我们是否量化了自己和自己的生活？我们是否认为自己拥有“数据替身”（data doubles）（Lyon 2014）或自己的数字模型——即使人工智能并不存储用户的数字模型（Matzner 2019）？我们是否获得并传播了一种网络化的自我意识（Papacharissi 2011）？人工智能带来了怎样的身份和主体性？

提出这样的问题超越了对人类与技术关系的工具主义理解。自我和人的主体性并不外在于人工智能等信息技术；相反，“数字技术对人类主体性本身做了一些事情”（Matzner 2019，109）。人工智能技术影响了我们对世界的感知和在世界中行动的方式，导致了新形式的主体性。与人工智能相关的主体性有不同的形式。例如，基于我们所属主体类型和社区类型，我们会对特定的基于人工智能的安全系统作出不同的反应。如果某个人没有被系统识别，那么基于这个人以往的经历和特定社会背景下的紧张关系（如影响该人和社区的种族主义），这可能会被另一个人视为威胁；而另一个来自其他背景的人对此可能问题较少。用马茨纳（2019）的话来说，就是“人工智能的具体应用，以完全不同的方式与先前存在的社会技术状况和各自的主体性形式联系在一起”。人工智能技术将使得不同主体性之间的不同关系得以可能，因为我们是情境中的主体。与福柯的观点一致，这意味着人工智能的权力不仅仅是（自上而下的）操纵、能力和系统；它还涉及由技术塑造的具体的情景化的权力经验和机制。我们也可以说（正如我在本章末尾所说的那样）：作为活生生的、运动着的、情景化的存在，我们*表演*自我和权力，而人工智能在这些表演中扮演着一个角色，例如通过共同指导这些表演。

我将从三个理论方向来进一步解读这一人工智能与权力的思考框架。首先，或许显而易见的是，马克思主义是构建、理解和评估人工智能对权力影响的理论资源。然后，我将通过福柯的理论进一步阐述人工智能使我们成为主体的观点，并提出权力是通过技术而被表演的这一主张。

马克思主义：人工智能是技术资本主义的工具

从马克思的观点来看，人工智能的权力是对资本主义和特定社会阶级支撑的概念化。通过人工智能，大型科技公司和其他资本家统治着我们。我们正生活在苏亚雷斯-维拉（Suarez-Villa 2009）所称的“技术资本主义”（technocapitalism）的新形式下：企业在“追求权力和利润”的过程中，不仅试图控制公共领域的方方面面，还试图控制我们的生活（参见祖博夫关于监控资本主义的观点）。此外，人工智能还被用于为资本主义国家及其民族主义目的服务。巴托莱蒂（Bartoletti 2020）将人工智能与核能相提并论：人工智能被用于新一轮国际军备竞赛。我们还可以补充说，人工智能与核能的相似之处还在于——至少根据这种说法——通过人工智能，权力从中央层面自上而下地以非民主的方式行使。正如我们大多数人从未被问及是否需要核能一样，我们也从未被问及是否需要人工智能监控和生物识别、人工智能决策系统、处理手机数据的人工智能，等等。对公民个人而言，人工智能是一种权力，因为它能实现统治，对某些人而言，它还能实现压迫。

然而，并不存在“人工智能”压迫我们的情况，仿佛技术会自己运行似的。人工智能不应被理解为一个孤立的因素或原子化的人工智能体；它总是与人类联系在一起，人工智能对权力的影响总是与人类一起并通过人类发生。如果说人工智能“拥有”权力（例如支配人类的权力），那它就是*通过*人类和社会来获得的权力。从马克思主义的观点来看，为资本家生产剩余价值的是人的活生生的劳动，而不是机器本身（Harvey 2019，109）。此外，人工智能和机器人旨在取代人类劳动。正如哈维（Harvey 2019）所说：“机器人不会（除了在科幻小说中）抱怨、回嘴、起诉、生病、行动迟缓、注意力不集中、罢工、加薪、担心工作条件、想要茶歇或干脆不出现”（121–122），即使是诸如生产软件或虚拟世界的所谓“非物质”（immaterial）劳动（Lazzarato 1996；另参见 Hardt and Negri 2000）也需要人类。此外，关于人工智能的政治选择是由政府以及那些开发和使用人工智能的人作出的。人工智能和数据科学是政治性的、充满权力的，因为在数据经济的背景下，决策是由人作出的，并且在每个层面、每个阶段都以无形的方式与人相关：

> 选择研究哪些数据集是由人来决定的。这是一个主观决定，也是一个政治决定。每个人一旦被输入数据集，就会成为他们与将其输入其中的无形力量之间新交易的一部分，并利用该数据集来训练算法，最终对他们作出决定。这代表了权力的不对称，而这种不对称——选择和权力的结果——正是数据政治的基础，最终也是数据经济的基础。数据经济在各个层面上都是政治性的，尤其是因为一些组织通过决定谁能进入数据集，谁被排除在外，从而对其他组织拥有巨大的权力，而这种决定可能会产生深远的影响（Bartoletti 2020，38）。

从“多个组织”（many hands）参与人工智能运行来承认人工智能的政治和权力，并不意味着不存在集中化的和自上而下的权力使用。企业和政府都以集中的方式使用人工智能。正如我们在前一章中所看到的，这可以采取技术官僚制的形式。萨特拉（2020）对此进行了辩护：在优先考虑公共利益的前提下，人工智能可以实现某种形式的合理优化，而只要理解得当，大多数问题都是“可以用统计分析和优化逻辑来解决的技术问题”。与这种观点相反，根据环境哲学和（我补充的）技术哲学的观点，我们可以认为技术问题也是政治问题，人类作为政治动物和具有同情心和智慧的道德主体，需要参与其中并承担责任。然而，萨特拉认为，如果人工智能得到进一步发展，它有可能为我们解决复杂的问题，因为它在制定和确定最佳政策方面比人类更胜一筹，尤其是在科学、工程以及复杂的社会和宏观经济问题等领域。然而，有人可能会反对说，这些问题也是政治问题，不能也不应该完全用技术官僚的方式来处理政治问题，因为这违反了民主原则，而且政治也需要人的判断（见第四章）。

然而，这些观点可以在不提及资本主义的情况下提出。从马克思主义的具体观点来看，主要问题并不在于技术官僚制和缺乏民主本身，而是具有自身逻辑的特定社会经济体系。例如，戴尔-维特福德、克约森和斯坦霍夫（2019）指出，当今资本主义已被人工智能问题"占有"了，并认为人工智能是资本和剥削的工具。人工智能不仅具有技术逻辑，还具有社会逻辑，尤其是生产剩余价值的逻辑。它有助于创造和维持一种特殊的社会秩序：资本主义秩序。人工智能取代了工作，即使没有取代工作，它也强化了工作，而取代工作的威胁有助于恐吓工人。人们变得可有可无，或者让人觉得他们是可有可无的。一些社会主义者将人工智能视为创造一个不一样的社会的契机，例如通过全民基本收入的方式，而戴尔-维特福德、克约森和斯坦霍夫则将重点放在问题上：新形式的剥削以及没有人类的资本主义迫在眉睫的前景。

然而，人工智能对人类的影响并不局限于狭义的生产和劳动领域。人工智能不仅是生产的一部分，还能提取知识，形塑我们的认知和情感。从情感计算（affective computing）（Picard 1997）到情感人工智能（affective AI），数字技术介入了个人、私密和情感层面。“情感人工智能”（McStay 2018）用于辨别情感状态、情感分析和衡量幸福感。例如，公司可以利用情感分析来识别、监控和操纵人们的情感状态：这是一种认知资本主义，但也是情感资本主义（Karppi et al. 2016）。这些“针对你的人格、情绪和情感、你的谎言和弱点的操作”（Zuboff 2019, 199）导致了新形式的剥削、支配和政治操纵，例如数据驱动的竞选活动（参见 Simon 2019；Tufekci 2018）。社交媒体也偏好情绪化的信息：情感传染（Sampson 2012）被用来影响大众。这可能会加剧极端主义和民粹主义，甚至可能导致暴力和战争。

出于政治目的的情绪操纵，唤起了从斯宾诺莎（Spinoza）到当今哲学和认知科学关于“激情”“情感”“情绪”等由来已久的哲学讨论，包括关于情绪在政治中的作用以及相关问题的讨论。例如，身体在政治中的作用是什么？什么是“身体政治”（body politic）？就政治而言，我们受影响的能力是我们的弱点吗？例如，哈特（Hardt 2015）认为，受影响的能力并不一定是弱点，我们是非完全独立的主体（non-sovereign subjects）。从这个角度来看，也许愤怒可以在政治上发挥积极作用。相比之下，努斯鲍姆（Nussbaum 2016）反对那些认为关心正义需要愤怒的人们：从规范上讲，愤怒是不恰当的，相反，我们需要慷慨和公正的福利机构。法卡斯和舒尔（2020）对“激情”在政治中的作用提出了更为积极的看法，正如我们在第四章中所看到的，他们认为政治和民主不仅涉及事实、理性和证据，还涉及不同立场的冲突以及

“情感、情绪和感受”。因此，墨菲所想象的充满活力的民主需要情感（见第四章）。我们可以讨论人工智能在这些条件下的作用是什么。这与以下观点形成了鲜明对比：普通公民过于情绪化，无法参与民主辩论，我们需要的是技术主义或理性主义的公民教育，而不是情感。与情感和政治有关的另一个有争议的话题是归属感（belonging）：归属感或许很重要，但也可能导致民族主义和民粹主义——其兴起也会受到人工智能的影响（见上一章）。人工智能如何影响政治、资本主义和民主的情感方面还需要进一步研究。

当从批判的视角看待人工智能和权力时，“数据殖民主义”（Couldry and Mejias 2019）是另一个可用的术语，其所表达的意思是：从批判理论的角度看，人工智能对人类和人类生命的剥削是不可接受的。那么，通过殖民主义的历史来理解对数据的占有：正如历史上的殖民主义侵占领土和资源以牟利一样，数据殖民主义通过侵占数据来剥削人类（Couldry and Mejias 2019）。正如我们在第三章中所看到的，殖民主义也被引用到有关人工智能和偏见的讨论之中。

从批判理论的角度来看，助推也是有问题的：尽管助推是一种更微妙的操纵方式，但这并不意味着它就不具有剥削性，因为助推是以资本主义的方式和背景来牟利的。而且，正如第二章中已经指出的那样，助推还因为其他原因而存在问题：它绕过了人类自主决策和判断的能力。人工智能增加了助推的可能性。杨（Yeung 2016）指出，算法决策引导技术被用来塑造个人决策所处的选择环境。她谈到了“过度助推”(hypernudges)，因为这些助推会不断更新且无处不在，这对民主和人类繁荣产生了令人担忧的影响。但是，助推之所以有问题，不仅仅是因为它对特定人类的直接影响；它还涉及了某种看待人类的方式，这种方式促成了令人不安的特定操纵和剥削关系。库尔德里和梅西亚斯（2019）在批评弗洛里迪（2014）关于我们是信息有机体或信息体的观点时写道，当我们（被制造成）信息体时，我们就可能被操纵和调控：“信息体是被过度助推统治的完美生物，因为它们被重新设计为始终对数据流保持开放，因此可以持续地被调控。”如果我们将这类信息体视为科幻小说，那么我们最好意识到，就像人类的情感和启发式思维一样，科幻小说也被资本主义用来支持其体系（Canavan 2015；Eshun 2003）。或者，科幻小说是否也可以用来批判资本主义的目的和运行，赋予公民权力并提出抵抗呢？

用马克思的方法来阐述和分析有关人工智能和权力的问题，会引出这样一个问题：是否存在一种抵抗、改造或推翻资本主义的方法？作为一个一般性问题，这个问题自马克思以来就一直在讨论，而作为一个单独的话题，它超出了本书的范围。就人工智能而言，值得注意的是，一些批判理论学者发现，人工智能有可能与社会公正和平等主义的理想相一致，并带来结构性革新，从霸权机构中夺回权力（McQuillan 2019，170）。然而，将人工智能视为抵抗或革命的工具可能会面临相当大的挑战，因为人们对互联网也曾有过类似的希望和主张。正如卡斯特（Castells 2001）

等人所指出的，互联网首先诞生于军事—工业复合体，然后黑客们将其视为一个解放、实验的空间，甚至是一种虚拟的社群主义（尽管如今自由主义似乎在硅谷取得了胜利）。互联网确实具有一种开放性，并有望形成一种更加“横向”（horizontal）的权力结构。至少在某种程度上，它还重组了劳动和社会阶级。戴尔-维特福德（2015）指出，科技行业的从业人员并不完全符合阶级划分。黑客伦理似乎赋予了力量，具有抵制资本主义霸权的潜力。例如，卡斯特（2001，139）写道，黑客可以破坏那些被认为具有压迫性或剥削性的政府机构或公司的网站。但也有批评认为，一般来说，信息技术的使用及其开发者都会符合企业和军方的优先事项（Dyer-Witheford 2015，62–63）。许多人担心人工智能也会朝着这个方向发展：它很可能会成为压迫和剥削的工具，而不是社会转型的工具。人工智能的民主化有时会得到大型科技公司的倡导，但同时它又不愿限制自己的权力，不接受外部干预（Sudmann 2019，25）。它所宣称的与实际所做的之间仍然存在矛盾。虽然人工智能研究往往是由理想主义所驱动的，但当其嵌入企业时，竞争似乎占了上风（Sudmann 2019，24），而且人工智能和算法可能会助长社会不平等的加剧，例如在美国（Noble 2018）。最后，有人认为，关于人工智能的科幻场景似乎有助于维持而非质疑占主导地位的社会经济体制：资本主义。正如哈维（2019）所说：“新技术（如互联网和社交媒体）许诺了乌托邦式的社会主义未来，但在缺乏其他行动形式的情况下，却被资本拉拢成为新的剥削和积累的形式或模式。”但请注意，在欧洲等一些社会经济体制中，人工智能资本主义至少在某种程度上服从于民主社会的伦理和政治规范。

福柯：人工智能如何支配我们并将我们建构为主体

并非每个人都同意马克思的权力观，或认为权力是集中行使的东西。福柯在其颇具影响力的著作中指出，权力不（仅仅）是一个主权政治机构挥舞着的权力，它牵涉所有的社会关系和制度。此外，他还对马克思主义权力理论中的“经济主义”（Foucault 1980，88）提出了批评：权力不仅仅是经济权力。虽然权力确实服务于“生产关系的再生产”从而维持阶级统治，但权力还服务于其他功能，并“通过更细致的渠道来传递”。正如我在本章导言中所解释的，福柯认为，权力遍布整个社会，并以各种背景和方式深入到个人主体及其身体之中，而并不局限于经济领域。此外，福柯认为，自我和主体是被*建构*（made）的，同时也建构着他们自己，这也是权力的一种形式。现在，让我们对这些观点进行更深入的探讨。

规训与监控

首先，福柯认为权力是以规训与监控的形式出现的。他在《规训与惩罚》（*Discipline and Punish*）一书中指出，在现代规训权力下，个人被当作物品和工具来使用（Foucault 1977，170）：身体变得温顺、服从和有用。基于这一框架，我们可以说，通过人工智能驱动的社交媒体、监控技术等，温顺的身体被创造出来了。社交媒体的注意力经济使我们成为滚动和点击的机器。人们在机场和其他边境控制环境中受到监视。人工智能还有助于创造一种新型的"全景敞视监狱"（Fuchs et al. 2012）。由英国哲学家杰里米·边沁（Jeremy Bentham）于18世纪设计的"全景敞视监狱"最初是一种监狱建筑，其形式是在一圈牢房内设置一个中央瞭望塔。从塔楼上，狱警可以看到每个囚犯，但囚犯无法看到塔内，这意味着他们永远不知道自己是否被监视着。作为一个学科概念，"全景敞视监狱"适用于这样一种观点，即人们的行为仿佛被监视着，但却不知道情况是否如此。这是一种更微妙的控制形式：它是一种自我规训（self-regulation），也是一种"政治技术"（political technology）（Downing 2008，82–83）。福柯（1980）认为，全景敞视主义（panopticism）构成了一种权力行使的新方式：它是"权力秩序中的一项技术发明"（71）。他提到了边沁的监狱设计，但今天人工智能可以被理解为促进了各种不那么明显的全景敞视，例如在社交媒体的背景下。福柯早已写过关于现在所谓的基于数据科学的治理的相关文章。全景敞视主义也与公共行政和数据有关，这导致了福柯所说的"整合监控"（integral surveillance）：这种方法首先在地方使用，然后在18世纪和19世纪由国家使用，例如由警察和拿破仑政府使用：

> 人们学会了如何建立档案、标记和分类系统以及个人记录的整合性会计……但对一群学生或病人进行永久的监控则是

另一回事。在某一时刻，这些方法开始变得普遍化（Foucault 1980，71）。

如今，在人工智能的推动下，我们正经历着这种方法的进一步普遍化。当前的数据治理或“算法治理”（Sætra 2020, 4），导致了福柯（1977）所说的“规训社会”（disciplinary society），其作用类似于边沁设计的“全景敞视监狱”，现在已渗透到社会生活的方方面面：规训权力的影响“不是从一个单一的制高点来的，而是移动的、多元的，是我们日常生活结构的内在组成部分”（Downing 2008，83）。人工智能和数据科学可以做到这一点，例如通过社交媒体和智能手机，它们渗透到人们的社会生活之中。如前所述，这引发了人们对自主的自由、民主和资本主义的担忧。但是，通过福柯，我们也可以从去中心化、细微的权力运作的角度来理解它。例如，在使用社交媒体时，人们不仅仅是政府和公司的被动受害者；其他个人用户也通过彼此互动以及与平台互动的方式行使权力。存在着不同形式的点对点监控以及阿尔布雷茨隆德（Albrechtslund 2008）所称的“自我监控”（self-surveillance）和“参与式”（participatory）监控，这些监控不一定会侵犯用户（与霸凌不同），其可以是游戏性的甚至可以增强用户的能力，因为它们使用户能够建构自己的身份，与陌生人社交，保持友谊，并看到行动的机会。这种方法反映了对权力的一种去中心化的、横向的理解，也可用于从权力的微观机制角度理解人工智能。

尽管如此，集中化和阶层化的权力形式依然存在。例如，人工智能可用于支持“紧急状态”下的治理，例如在应对恐怖主义时，“决定谁会被拘留，谁不会被拘留，谁可能会被释放，谁可能不会”（Butler 2004，62）。在安全或反恐行动的名义下，人工智能可能成为“算法治理术”（参见 Rouvroy 2013）的一部分被用来行使国家权力，决定谁在政治共同体之内，谁在政治共同体之外。即使欧盟的自由民主国家也越来越多地将人工智能用于边境管制。在 21 世纪，福柯的读者们认为，属于过去的治理形式又回来了，现在由人工智能和数据科学作为媒介并予以实现。为了抗击新冠病毒大流行，警方使用了监控和传统的规训措施，如隔离和检疫，但现在有了高科技的支持：人工智能不仅可以帮助通过医学影像技术进行诊断、开发药物和疫苗，还可以帮助追踪接触者、根据现有数据预测病毒传播情况，以及通过智能手机或智能手环跟踪和监测在家隔离的患者。换句话说：人工智能有助于监控，而且是以完全垂直、自上而下的形式。人工智能是一种新的生命政治工具，通过遥控和分诊系统，其可以实现新的监控形式，甚至新的杀戮或放任其死亡的生命政治（biopolitics）（Rivero 2020）。然而，继福柯之后，我们必须强调，如今大多数监控并非由政治当局实施，而是发生在正式的政治机构之外，遍及整个社会：如今，人工智能可以“看到”一切，甚至可以“闻到”一切，即所谓的“气味监控”（odorveillance）（Rieger 2019，145）。

如果这是真的，那么除了国家之外，谁又获得了新的权力？

如果权力来自新的和不同的中心，那么它们是谁？答案之一是：企业，尤其是大型科技企业。贝利斯（2020）认为，通过收集我们的数据，大型科技公司和政治参与者将知识转化为权力。权力是不对称的，因为“他们几乎知道我们的一切”。人工智能实现了监控和操纵，但数据收集本身就已经存在问题。贝利斯区分了科技的硬权力和软权力。硬权力是指即使我们抵抗，例如拒绝许可数据也会被获取。相比之下，软权力的作用方式不同，通常是操纵性的：软权力“让我们假装是为了我们自己的利益，来为他人的利益做一些事。它召集我们的意志来对抗我们自己。在软权力的影响下，我们会做出有损自身最佳利益的行为”。贝利斯以脸书滚动新闻推送为例：我们上钩是因为我们害怕错过，而这是故意为之的：我们的注意力被俘获，违背了我们的最佳利益。我们在使用电脑和智能手机时会这样做，但个人机器人和数字助理等设备也被用来行使这种软权力。

知识、权力，以及主体和自我的形成与建构

其次，人工智能和数据科学不仅是实现规训和监控的强大工具，它们还能产生新的知识，共同界定我们是谁和我们是什么。福柯在《规训与惩罚》之后的所有作品中，不仅认为知识是权力的工具，而且认为权力生产知识和新的主体。谷歌通过我们的数据获得了权力，但还不止于此：“这种权力让谷歌可以通过使用你的个人数据来决定什么是关于你的知识”（Véliz 2020，51–52）。因此，科技公司不仅对我们采取行动，还把我们建构成人类主体。

它们制造了我们的欲望（如滚动荧幕的欲望），使我们成为不同的存在，以不同的方式存在于这个世界（Véliz 2020，52）。即使在人文学科中，这些技术的应用也会带来新的知识和权力形式。例如，通过算法话语分析，知识以非人为的方式生成出来，其绕过了人类的意图和理论：

> 数据挖掘和文本挖掘使知识的模式和形式可见，而这些知识不必然会在有意识的问题中被穷尽。在这里，人类智慧的一切——对事物进行排序和分类、识别相似性并创建谱系——都被移交给了算法。（Rieger 2019，144）

福柯（1980）认为，个人身份也是权力的产物："个人的身份和特征是对身体、多样性、运动、欲望和力量等行使权力关系的产物。"今天，这种身份生产发生在更加"横向"的社会结构和社交媒体过程中，我们不仅受到政府和公司等权力机构的监控和规训，还受到同伴们的监控和规训，最终是我们自己的监控和规训。在不知不觉中，我们在自己的身体上下功夫，建构自我和身份。当我们在社交媒体上与他人互动并被人工智能分析和分类时，我们不仅是资本主义治理术和生命权力的受害者，同时也在自我规训、自我量化和自我生产我们的主体性。在福柯看来，被规训的身体在社会中随处可见；数字媒体和人工智能完全是社会的一部分。

这种对身体的强调在一些作品中得以延续，例如巴特勒的女性主义著作，其使福柯对规训和建构主体的方法变得非常具体，但又始终与社会层面联系在一起。福柯（1980，58）认为，不同的社会需要不同类型的身体：从18世纪到20世纪中叶，学校、医院、工厂、家庭等场所的惩戒制度涉及权力对身体的大量投入，而在此之后，对身体行使权力的形式更加微妙。今天，我们可以问，通过人工智能和其他数字技术的规训，需要并创造了什么样的身体，这些技术又促成了哪些新的、微妙或不那么微妙的权力形式。当代“人工智能社会”似乎需要这样的身体：它们可以被*数据化*、量化，并通过与智能手机和其他设备的互动，被（或不被）调动起来提供这些数据和数字。这构成了对我们身体的一种更柔和、更不明显但同样无处不在的权力形式。因此，如果把“认知”理解为非实体的、完全非物质的，那么人工智能在规训、权力和主体性方面对我们的所作所为就不仅仅是“心理”操作或认知问题而已；它还会对身体产生影响。但考虑到当代认知科学的经验教训（如 Varela, Thompson，and Rosch 1991），任何值得讨论的认知都是具身认知（embodied cognition）。我们的思维和经验依赖于我们的身体；身体在认知过程中扮演着主动的角色。此外，如果我们采纳后人类主义的观点［如哈拉维（Haraway），见下一章］，身体就不仅仅是生物体：它本身也可以被理解为与物质相联系、相融合，具有一种“赛博格”（cyborg）的特征。从这个意义上说，一些马克思主义学者提出的“非物质劳动”的说法具有误导性：我们用身体和思想所做的事情与我们所使用的物质技术密切相关，并且会产生非常实际的后果，包括对我们的身体、健康和幸福的影响。例如，当我们通过使用人工智能驱动的智能手机及其应用程序来自我规训、被规训、产生自我和主体性时，这会对我们的肌肉、眼睛等产生影响，并可能导致压力、负面情绪、睡眠障碍、抑郁和成瘾。在这种情况下，人工智能很可能是“虚拟的”或“非物质的”，因为它是以软件和数据库的形式出现的；但它的使用和影响却是物质的、有形的，涉及身体和心灵。用马克思的“吸血鬼”来比喻：监控资本主义*吸食着活生生的劳动*（sucks that living labor）。

然而，权力以及主体、身体和知识的生产本身并不一定是坏事，无论如何也不一定是暴力或限制性的。福柯认为，权力和力量也可以通过微妙的方式行使，这些方式是有形的，但不一定是暴力的（Hoffmann 2014，58）。一切都取决于行使的方式和结果。权力产生了什么，技术创造了什么力量？

让我详细阐述福柯对权力的生产性方法。福柯在其晚期著作中写道，古希腊和基督教中的自我转变是通过应用“自我技术”（technologies of the self）实现的，而“自我技术”是人类发展有关自我知识的途径之一。自我技术允许个人通过自己的方式或在他人的帮助下受到影响，对自己的身体和灵魂、思想、行为和生存方式进行一定程度的改造，从而改造他们自己，以达到某种幸福、纯洁、智慧、至善或不朽的境界。（Foucault 1988，18）

福柯并不认为这些“技术”是物质性的，也没有把它们与生产技术区分开来。他感兴趣的是“自我解释学”（hermeneutics of the self）以及古希腊罗马哲学和基督教精神与实践中的自我关怀的美德与实践。然而，从当代技术哲学的角度对福柯进行修正，我们可以将书写（writing）视为一种自我的物质技术，有助于自我关怀、自我建构，乃至美德的实现。当古代哲学家、基督教僧侣和人文主义学者书写他们自己的时候，他们对自己行使着关怀和权力。因此，我们可以说，人工智能等允许自我监控、自我跟踪、自我关怀和自我约束的技术，也被用作“自我技术”：不仅用于他人的支配和规训——尽管这种情况可能仍然存在，但请再次考虑马克思的分析和福柯的早期分析——而且也用于*对自己*行使某种形式的*权力*。考虑一下用于控制饮食和体育锻炼的健康应用程序或用于冥想的应用程序：它们被用于自我关怀，但同时这也涉及对自我、灵魂和身体行使权力，这导致了一种特定的自我知识（如自我量化），涉及了物理力量的运作，并构成了一种特定类型的主体和身体。在这里，权力不是限制既有的东西，而是生产性的，因为它带来了某种东西（自我、主体、身体）的存在。从这个意义上说，它是一种赋能而非限制。人工智能可以在这种自我建构的实践中使用。因此，我们不仅要问，人工智能产生了什么样的自我和主体，还要问它涉及了什么样的自我关怀和自我实践。技术本身并不具备这种权力，这是一种在自我关怀、自我规训等实践中使用的技术；但这项技术会影响特定类型的自我塑造。

例如，我们可以说人工智能和数据科学通过自我跟踪的实践产生了“量化的自我”，这也产生了一种特殊类型的知识：一种以数字为形式的知识。

这种自我建构的过程可以通过朱迪斯·巴特勒（Judith Butler）的著作进一步理论化。与福柯一样，巴特勒将权力视为生产性的，但对她来说，这种权力所采取的形式是自我的*表演性*（performative，又译“述行性”）构成。她借鉴奥斯汀（Austin 1962）对如何以言行事的描述，认为我们的自我和身份——例如性别身份——不是本质，而是表演性构成的（Butler 1988）；性别是一种表演（Butler 1999）。这使得这些自我和身份既不是固定的，也不是假设的（Loizidou 2007，37）。因此，与福柯的观点一致，她认为不仅存在服从（例如，作为规训），而且还存在着成为主体（例如，主体化）。但通过强调这种实践和运作的表演性维度，她声称自己对权力的论述没有福柯那么消极（Butler 1989）。权力是关于构成主体的行为，不仅仅是他人将我们建构成某种东西，我们自己也在建构自己，比如通过说话。这也是一个时间问题：巴特勒（1993）认为表演性不是单次的行为，而是一种重复性实践：“表演性不应被理解为一种单一或蓄意的‘行为’，而是一种反复和引用的实践，话语通过这种实践产生了它所命名的效果。”这与福柯的观点不谋而合，其谈及了自我关怀的实践。受布迪厄（Bourdieu 1990）的启发，我们可以补充说：自我建构是一个*习惯*问题。自我建构是通过各种力量对自身的习惯性和表演性运作来实现的。

然而，巴特勒的表演性观念和她的政治观念（Butler 1997）仍然侧重于语言。就像福柯一样，重点在话语。除此之外，我们还必须补充一点，即自我、身份和性别不仅是通过语言产生和表演的，也是通过技术实践产生和表演的。除了写作，还有其他技术实践：Web 2.0 技术（Bakardjieva and Gaden 2011），如社交媒体，还有人工智能。通过人工智能自我建构可能有语言方面的因素，但如前所述，它还具有深层次的技术和物质特征，例如当一个"量化的自我"（quantified self）产生时。此外，它还始终是一个社会问题。在这一过程中，自我和他人同时被塑造出来。例如，通过使用跑步应用程序和其他可穿戴的自我跟踪技术，他人成为了检验和竞争的对象（Gabriels and Coeckelbergh 2019）。

这些自我建构和自我关怀的技术方法至少引发了两个问题。首先，自我和他人的量化误导性地暗示，自我或他人可以简化为数字信息的集合，也就是说，数字自我就是真实的自我（数据化再现），或者至少同样有问题的是，数字自我或他人比非数字自我或他人*更加*像自我。后一种假设似乎至少在一种超人类主义者关于通过上传资料实现永生和复活的幻想中起作用。库兹韦尔（Kurzweil）曾设想，机器学习能够重建他已去世的父亲的数字版本，从而使得跟他的化身对话成为可能："它将如此逼真，就像与我的父亲交谈一样"，事实上，"如果我的父亲还活着，它将比我的父亲更像我的父亲"（Berman 2011）。安德烈耶维奇（Andrejevic 2020）对此进行了批评，他认为库兹韦尔旨在创造一个理想化的自我（和他人）形象，一个比实际主体更加连贯一致的形象。但是，实际主体总是“由差距和反复无常构成的”，因此任何自我和主体的完美化上的尝试“都等同于试图抹杀它”。精神生产自动化及其所需的相关人类智能，也试图重新建构主体，从而抹杀主体：通过将任务从动机、意图和欲望中抽象出来，“主体性的反思层”（the reflexive layer of subjectivity）被绕开了。这不仅意味着人类的判断和思考被绕过了（阿伦特也会同意这一点），而且意味着人类主体是多余的，甚至是碍事的。正如对自动化主体的幻想受到现实主体的挑战，现实主体“可能是不可预测的、顽固不化的和非理性的，从而威胁到控制、管理和治理系统”，并阻碍自动化社会顺利、无摩擦地运行，“上载自我”的幻想试图创造一个数字化身，而这个化身将*不再是一个自我*，*也不再是一个主体*。当我们试图借助社交媒体和人工智能来塑造自我和他人时，这同样是一个问题：我们试图把自我和他人塑造成某种东西，也许是化身，但不再是人、自我或主体。此外，正如库尔德里和梅西亚斯（2019，171）借鉴黑格尔的观点所指出的，被媒介化本身并不是问题，但缺少与自己的反思关系、没有与自己相处空间的生活并不是自由的生活。

此外，所有这些自我塑造都令人疲惫，而且有潜在的剥削性——自我剥削也是有问题的。我们已经从福柯的“规训社会”进入了韩（Han 2015）所说的“功绩社会”（achievement society）。在第三章中我们已经看到，资本主义产生了焦虑的自我，这些自我已经内化了必须完成的任务，其害怕被机器取代。韩认为，在当代社会，禁令和戒律被“计划、倡议和动力”所取代。规训社会产生了疯子和罪犯，而“功绩社会则产生了抑郁者和失败者”。抑郁症患者厌倦了必须成为他们自己。个人会剥削自己，尤其是在工作环境中，他们必须取得成绩和表现。他们变成了机器。但在这里，反抗似乎是不可能的，因为剥削者和被剥削者是一样的：“过多的工作和绩效逐步升级为自动剥削”。抑郁症“是在功绩主体*再也不能做得更多*的那一刻爆发的”。这可以与马克思的分析联系起来：资本主义体制要求这种自我剥削。从资本家的角度来看，这是一种高明的体制，因为当人们表现不佳、功绩不高、未能充分锻炼自己时，似乎只能责怪自己。即使是在私人领域，我们也时常感到自己必须进行这种自我工作。人工智能和相关技术被用来提高我们的工作绩效，但我们也用它们来折腾自己，直到我们*无法做得更多*。在各种技术的推动下，甚至连“自我建构”也成了一个功绩问题，这些技术对我们的表现进行监控、分析和提升，直到我们无法再胜任工作、精疲力竭为止。要抵制这样的权力和管理制度是很困难的，因为我们似乎只能责怪自己没有跟上；我们应该使用正确的应用程序，做更多的自我工作。如果我们感到沮丧或倦怠，那都是我们自己的错，是我们的失败。

然而，原则上，不同的自我遮蔽和不同的自我技术是可能的。福柯的理论框架提供了一种可能性，即权力的生产性、知识性和自我建构性使用也可以采取其他赋权形式。或者从表演的角度来说：不同的自我表演是可能的。让我从自己关于表演与技术的著作中提出一些建议，展示以表演为导向的权力观在理解和评估人工智能方面的可能性。

技术表演、权力与人工智能

正如我们所见，巴特勒使用“表演”（performance）一词来构想自我建构。但我们也可以用它来将技术的使用概念化，强调技术如何对我们产生权力，并揭示个人表演与其政治背景之间的联系（Coeckelbergh 2019b；2019c）。在这里，将技术与表演联系起来的意义并不仅仅是说数字技术被用于艺术表演（Dixon 2007），而是说表演可以作为隐喻和概念来思考技术。就权力而言，这种方法使我们能够描述和评估，当技术获得更多能动性时，权力会发生什么：我认为，他们引导并编排了我们的生活（Coeckelbergh 2019b）。当我们参与“技术表演”（Coeckelbergh 2019c）时，技术越来越多地扮演着主导和组织的角色。在某种意义上，我们不仅与技术一起表演，“技术也与我们一起表演”。人类并没有缺席；我们共同表演、共同引导、共同编排。但技术也形塑着表演。因此，问题在于我们想用技术创造哪些戏剧、动作编排等，以及我们在这些表演中的角色是什么（Coeckelbergh 2019b，155）。基于这种方法，我们可以再次坚持认为，人工智能不仅仅是人类用来行使权力的工具，它还会产生意想不到的影响，其中一种影响可以描述如下：随着人工智能被赋予更多的能动性，例如以自动驾驶汽车、机器人和在互联网上运行的算法的形式，而且随着人工智能产生的意想不到的影响变得更加普遍时，它就会成为我们的动作、语言、情感和社会生活的编导、导演等。它不仅仅是一种工具或事物，它组织了我们的行事方式。同样，这并不意味着人类不参与其中或不承担责任，而是说人工智能的作用远远超过了工具性的作用，因为它决定了我们做什么以及如何做事。它拥有组织我们的表演，改变各种力量场域和权力关系的权力。

在人工智能方面使用“表演”一词，也会带来许多与权力有关的技术使用的多重维度。首先，人工智能的使用始终是一种社会事务，可以理解为共同表演。它涉及那些在社会背景下互动和运作的人类，因此也涉及政治背景。它还可能涉及对使用人工智能作出反应的“受众”。可以说，人工智能始终处于这种社会环境之中，正如福柯所指出的那样，这种环境充斥着权力。例如，大型科技公司使用人工智能是在社会政治背景下进行的，其受众包括用户和公民，他们会对这些公司的所作所为作出反应。这些“受众”也拥有权力，是权力关系的一部分。其次，如果将使用人工智能概念化为表演，这也意味着涉及身体。如前所述，人工智能以“非物质”或“虚拟”的形式出现，例如软件，其并不意味着对身体没有权力影响。技术表演与所有表演一样，都涉及人的身体。这与福柯和巴特勒对身体的关注是一致的，但并不完全将身体的概念与话语、知识和身份联系在一起。在这里，权力的运作方式实际上也与*运动*、移动的身体有关。当我通过智能手机上的应用程序使用人工智能时，我并不是一个只使用“心理”或“认知”功能的抽象用户：我的身体和双手在移动，我的身体是被部分固定化的，等等。之所以如此，是因为人工智能及其设计者编排了以某种方式操作设备和应用程序所必需的动作，从而对我和我的身体行使权力。第三，“表演”的概念也带来了时间的面向。通过人工智能行使的技术权力是在时间中进行的，甚至可以说是对时间的配置，因为它塑造了我们对时间的体验，配置了我们的故事、日子和生活。例如，我们经常拿起手机查看信息和推荐，这已成为我们日常生活的一部分。从这个意义上说，人工智能有能力定义我的时间。通过数据收集和数据分析，我的故事就会按照人工智能的统计类别和特征进行配置。这不仅发生在个人层面，也发生在文化和社会层面：我们的时间变成了人工智能的时间，人工智能建构了我们社会的叙事。

这种方法与福柯的思想不谋而合，包括福柯的舞蹈和表演理论。科泽尔（Kozel 2007）谈到了权力与知识，以提出麦肯齐（McKenzie 2001，19）所说的“表演性权力机制”（the mechanisms of performative power）的主张。表演被视为“贯穿于时空、网络和各种身体之间”（Kozel 2007，70）。因此，人们还可以补充一点，那就是权力也是如此：技术表演之中的权力和技术表演的权力也贯穿于时空、网络和身体之间。此外，我们还再次看到了一种“生产性”的权力观：人工智能有（以特定的方式）塑造我们的时间的权力。与福柯和巴特勒（1988）的观点一致，我们可以说，涉及人工智能的技术表演不仅规训我们并将我们置于监控之下，而且还将我们建构成新的主体、公民和身份。它们还生产着一种特殊类型的自我和主体性。通过使用人工智能，我开始以一种特殊的方式理解自己。这可以从叙事角度或其他角度来理解。例如，通过这些技术操作形式，我们可以获得一种网络化的自我意识（Papacharissi 2011），或者如我前面所指出的，一种数据化的自我意识。切尼-利波德（Cheney-Lippold 2017）认为，算法和使用算法的公司（如谷歌和脸书）利用数据来建构我们的世界和身份。从这个意义上说，正如切尼-利波德的著作标题所说，“我们就是数据”，而且我们越来越相信这一点。从批判理论的角度来看，应该指出的是，这对那些将我们的数据货币化为商业模式的公司来说是非常有用的，比如脸书。我们不仅是消费者，同时也是数据的生产者：我们为这些公司工作，他们通过福克斯等人（2012，57）所说的“全景分类机”（a panoptic sorting machine）来剥削我们，该机器能识别用户的兴趣，对他们进行分类，然后投放有针对性的广告。但我要补充的是，这种对世界和自我的建构以及与之相关的剥削并不只是发生在我们身上的事情。我们与人工智能的技术互动是随着我们与技术的接触而发展起来的；这是一个积极的过程，也是人类努力的结果。这不仅仅是他人或人工智能算法把我们变成了数据。当我们在社交媒体和其他地方通过技术表演来建构自我时，*我们也把自己变成了数据*。因此，我们既是自我建构的贡献者，也是被剥削的贡献者。

从（技术）表演的角度看待技术，与将技术视为活动的观念是一致的。这种观念能使我们引入社会和政治维度（Lyon 1994）。当然，技术可以是关于人工制品和事物，但为了研究技术的政治维度，我们需要看看我们用技术做了什么，技术对我们做了什么，以及这两者是如何嵌入社会（和知识）背景之中的。将技术视为活动和表演还能让我们再次强调人类始终是参与其中的。尽管后现象学等当代技术哲学正确地宣称，技术"产生"（do）事情（Verbeek 2005），在它们共同塑造人类的感知和行动的意义上（例如，微波炉塑造了我们的饮食习惯，超声波技术建构了我们对怀孕的体验，等等），技术的所作所为也总是涉及人类的。我将在下一章讨论后人类主义观点时回到这一点。

最后，鉴于人类继续共同指引和塑造其社会、身体和时空表演，并因此参与权力的行使和流通，因此我们必须要问，是*哪些*人类（共同）编排了我们的技术表演，以及参与这些表演是否总是出于自愿。正如帕尔维艾宁（Parviainen 2010）所问：谁在编排我们？例如，有人可能会说，大型科技公司通过嵌入应用程序和设备中的人工智能来编排我们，并越来越多地设计我们的行为和塑造我们的故事，但由于我们通常意识不到这一点，而且这些技术的设计具有说服力，因此我们对这些表演和故事的参与很难说是自愿的。如果技术表演总是与更广泛的社会和政治背景相关联，那么我们就有必要问一问，*谁被允许*参与人工智能的表演（包括使用和开发），也就是说，谁被包括在内，谁被排除在外，以及这种参与的条件是什么。

首先，在同意使用人工智能方面，我们中的许多人不仅没有选择权（Bietti 2020），而且在决定人工智能的发展和使用方式方面也被排除在外。在这方面，我们被大型科技公司所掌握。在许多国家，监管力度微乎其微。以表演为导向的视角使我们能够就此提出关键问题：谁是表演的演员和编排者？谁被排除在表演和编排之外？哪些演员和编排者比其他人更有权力？我们能否制定逃脱完全控制的策略？这些问题再次与民主的讨论相关。

其次，从与政府政治相关联的意义上讲，人工智能表演也可能具有很强的政治性。帕尔维艾宁和我利用动作编排的概念，认为人工智能和机器人技术是在政治利益和战略背景下使用的（Parviainen and Coeckelbergh 2020）。我们的研究表明，索菲亚（Sophia，一个号称涉及人工智能的人型机器人）的表演与人工智能政治有关："索菲亚的表演不仅符合一家私营公司［汉森机器人公司（Hanson Robotics）］的利益，也符合那些寻求拓展相关技术和相关市场的人的利益"。使用"权力"一词，我们也可以将其归纳如下：参与人工智能和机器人技术开发的私营部门将技术表演作为扩大市场的一种方式，从而增加其权力和利润。同样，政府可能会支持并参与此类表演，以实现其有关人工智能的计划和战略，从而增强其应对竞争对手（即其他国家）的实力。此外，关于社交机器人的智能或伦理地位的讨论，可能会分散人们对这一政治维度的注意力，因为这些讨论似乎只能提出关于人工智能和机器人的技术或伦理问题：涉及技术的直接互动和环境问题，而不是更广泛的社会和政治领域的问题。这会误导性地暗示，这些技术在权力上是中立的，在政治上是中立的。而人工智能的表演和相关讨论可能会掩盖这样一个事实，即像所有技术一样，人工智能现在和将来都可能非常政治化和充满权力。研究人员和记者可以揭示这一更广泛的政治背景，从而将本地和具体的人工智能表演与发生在“宏观”层面的政治及其权力博弈联系起来。

因此，“表演”一词的使用及其与权力的关系，为从批判的角度看待人工智能提供了一个框架，它与马克思的分析和福柯的方法是兼容的，并能得到它们的支持。它有助于揭示人工智能与权力之间千丝万缕的联系：在技术表演中的权力和通过技术表演行使的权力；以及在这些表演与一个更广泛的权力领域和权力参与者（如公司和政府）之间流通的权力。

结论和待解决问题

本章展示了如何将社会和政治理论引入权力与人工智能的讨论，从而帮助我们将人工智能的政治面向进行概念化。当然，这项工作不仅与权力有关，还与其他政治概念和问题相关。例如，关于助推的讨论涉及自由问题，而偏见问题在第三章“平等与公正”中已经有所涉及。其中任何一种联系都可以有更多的论述。例如，人工智能中的偏见问题（Bozdag 2013；Criado Perez 2019；Granka 2010）可以被视为一个权力问题，同时也与公正和平等有关：如果人工智能的算法过滤、搜索算法和数据集存在偏见，那么这就涉及人们对他人行使权力。也可以说，在特定的社会中存在着特定的权力结构（如资本主义、家长制等），这导致了人工智能使用中的偏见。看来，多元化的概念有助于解读这一点。不过，权力的概念一直是我们分析和讨论人工智能政治的一个有益视角。本章提供了另一种独特的方式来对技术的政治性以及技术如何具有政治性进行概念化。它揭示了谈论权力如何有助于我们分析发生了什么以及可能存在什么问题。

从一种现代观点来看，这种将技术与政治结合在一起的概念，特别是人工智能对权力产生非工具性影响的说法是存在问题的，因为在现代性中，技术与政治处于相互独立的领域。前者应该与技术和物质有关，而政治应该与人类和社会有关。这种现代观念源于古代哲学，至少从亚里士多德开始并一直影响至今：人工智能被认为在政治上是中立的，而政治则被认为与人类使用人工智能的目的有关。本章的讨论跨越了这一现代划分，例如谈到人工智能如何塑造我们的自我、创造新形式的主体性以及对我们进行编排。在充满权力的人工智能表演中，手段和目的是混合的，最终人类和技术也是混合的。然而，正如我们反复强调的那样，我们的想法并不是说人类被技术所取代，也不是说技术在独自完成这一切。将编排等术语用于人工智能，并不是说人类没有参与权力的行使和技术的表演，而是说人工智能有时被赋予了更多的能动性，并通过其意想不到的效果，共同塑造了我们做事的方式以及我们是谁/做什么。从这个意义上说，人工智能拥有支配我们的权力。技术与政治之间的界限变得模糊了，特别是人工智能与权力之间的界限，我们可以将人工智能称为“人工权力”(artificial power)：不是因为人工智能无所不能，而是因为权力是通过人工智能行使的。人工智能作为人类技术运作的一部分，塑造了我们的行为以及我们是谁/我们是什么，因此人工智能完全是充满权力和政治性的。

然而，还有另一个相关的边界值得讨论：人类/非人类的边界。人们通常认为，政治以及人工智能政治都与人类有关。但是，这一点可以而且已经受到质疑。这就是下一章的主题。

第六章　非人类怎么办？环境政治与后人类主义

导言：超越以人类为中心的人工智能和机器人政治学

前几章讨论的大多数理论都认为，政治哲学，也就是将政治哲学应用于人工智能，都是关于人类的政治。自由、公正、平等和民主等政治原则应该是关于人类的自由、人类的公正等等。人民、公众和政治体被假定由人类及其机构组成。大多数人认为，“权力”一词只适用于人与人之间的关系。如果正如福柯所言，权力是通过社会机体传递的，那么这个机体就被认为只由人类组成。此外，人工智能和机器人技术的伦理和政治往往以人类为中心：人们声称人工智能和机器人技术应该以人为本，而不是由技术和经济驱使。但是，如果我们挑战这些假设，向非人类开放政治边界，会发生什么呢？这对人工智能和机器人政治学意味着什么，政治哲学和相关理论又如何帮助我们将其概念化？

本章在探讨这些问题时，首先介绍了跨越人类/非人类界限的政治理论：有关动物和自然环境的理论。我特别关注了近期有关动物政治地位的论点，尤其是那些以关系和后人类主义方法为基础的论点。然后，本章将讨论政治理论的这一转变对人工智能和机器人政治的影响。本章提出了两类问题。一是，考虑了人工智能对非人类（如动物）和环境的影响。鉴于动物和生态系统等非人类可能具有政治地位，关于人工智能和机器人的政治思考是否应该考虑它们的后果？如果是，可以使用哪些概念来证明这一点？二是，人工智能和机器人本身能否具有政治地位？例如，它们能否成为公民？超人类主义（transhumanism）和后人类主义（posthumanism）如何看待这个问题？例如，人工智能能否以及是否应该接管政治控制权，我们又该如何以一种包含非人类的方式重新想象政治和社会？

政治不止包括人类：动物和（非人类）自然的政治地位

在动物伦理学和环境哲学中，我们会发现有人提议将道德和政治考量的范围扩大到动物和环境。鉴于本书的主题，我将把重点放在*政治*考量上。此外，讨论范围限制在有关*动物*政治地位的一些主要论点上，尽管我也会涉及环境政治和气候变化政治。

辛格（Singer）的《动物解放》(*Animal Liberation*)(2009）是这一领域的一部知名著作，该书以功利主义为论据，主张解放那些我们为了生产食物、衣物和其他目的而使用和杀戮的动物：我们应该评估这些做法给动物带来的后果，如果我们给动物造成了痛苦，我们就应该减少这种痛苦，必要时完全废除这些做法。虽然辛格将此书定义为一本伦理学著作，但它也很容易被解读为一本政治哲学著作，其运用了诸多重要的政治原则。首先，该书以解放为目的，被动物解放运动用作解放动物的理由。1975 年该书第一版的序言开宗明义地写道："这本书讲述的是人类对非人类动物的暴政。"因此，辛格在阐述自己的伦理观时使用了一个政治术语：暴政，即政治自由的对立面。但他不仅呼吁政治自由，还谈到要考虑动物的利益，将平等原则从人类延伸到非人类动物，并结束由来已久的偏见和歧视。他关于物种歧视（speciesism）的核心论点依赖于对一种特殊类型的偏见和歧视的指控。他认为，让动物在各个领域免受虐待和杀戮的目标是合理的，因为大多数动物和人类一样会感到痛苦，因此这样对待它们就是"物种歧视"：仅凭非人类动物属于不同物种这一事实，就对它们进行不公正的歧视，这是"一种偏袒自己物种成员的利益，反对其他物种成员利益的偏见或态度"。由于我们大多数人（作为肉食者）都是压迫者和歧视者，因此改变是困难的。他将动物解放运动与其他重要的政治运动进行了比较：民权运动，黑人只有通过自己的要求才获得了权利（而动物不能为自己说话）；废除奴隶制的斗争；以及抗议性别歧视的女权运动。这支持了他的主张，即抗议和斗争是改变现状的必要条件。因此，辛格的书既是关于伦理学的，也是关于政治哲学的。他的功利主义伦理学（utilitarian ethics）通常是哲学家们在回应他的著作时所关注的重点，但事实上，他的著作与一系列政治哲学概念相关联，而这些概念几乎涵盖了我在前几章中所涉及的全部内容。还要注意的是，辛格在他的伦理学和政治哲学中采取了普遍主义的立场：他不以身份作为标准，而是以普遍的感受痛苦的能力为基础进行论证，而不论物种如何。

给予动物政治考虑的其他论点也属于普遍主义的自由主义传统，它们依赖于正义的政治原则。例如，我们可以用契约论来论证动物的正义。在这一领域，罗尔斯的正义论颇具影响力。罗尔斯将动物排除在他的正义论之外（Garner 2003），这种契约论一般以人类理性的重要性为基础。这就是为什么努斯鲍姆（2006）在赋予动物以正义的道德和政治地位时，选择依赖于能力的概念：与人类一样，动物也有权拥有发挥功能和繁衍生息的能力。它们可能不具备人类的理性，但它们有自己物种特有的能力，我们应该尊重它们的尊严。努斯鲍姆考虑了她列出的能力 / 权利清单对动物的意义。例如，动物有权享有健康的生活，这意味着我们需要禁止残忍对待动物的法律。这本身就是政治理论有意思的应用：最初是针对人类的，后来却应用到了动物身上（还要注意的是，努斯鲍姆的能力方法与注重人类繁荣的古代美德伦理学和政治学之间存在着有趣的联系；不过，我不在此作进一步讨论）。

不过，也有一些作者认为可以在契约论的基础上论证动物的正义。我们可以修改罗尔斯的原初状态，使无知之幕包括对一个人最终会成为人类还是动物的无知。例如，在罗兰德（Rowlands

2009）的研究中，理性被隐藏在无知之幕之后，因为这是一种不应有的自然优势。另一条途径是强调人类与动物之间的合作。我曾提出，如果动物是合作计划的一部分，那么它们也可以被纳入分配正义的范畴（Coeckelbergh 2009b）：我的观点是，人类和非人类以各种方式相互依存，它们有时也会合作。如果情况确实如此（如家养动物），那么这些动物就应被视为正义的一部分。唐纳森（Donaldson）和金里卡（Kymlicka）在《动物社群》（*Zoopolis*）（2011）一书中也将伦理辩论转移到了政治理论领域，他们提出了类似的观点，即我们对动物负有关系性义务，我们应将它们纳入共享公民身份的合作项目中。作者承认，动物的政治能动性可能会比较低，但它们仍可被视为公民。

这也是我所说的“关系性”（relational）观点（Coeckelbergh 2012）：唐纳森和金里卡强调的是人与动物之间的关系，而不是动物的内在属性或能力。这些关系赋予我们责任，例如照顾依赖我们的动物的责任。这并不意味着所有动物都拥有同样形式的公民权。作者认为，与人类社会一样，一些动物也应该是我们政治生活中的正式成员（如家养动物），而其他动物则有自己的社区（如野生动物）。然而，加纳（Garner 2012）对这种论点提出了批评，因为他认为，主张重新定义原初状态的作者实际上依赖的是契约之外的原则；而社会合作的理论依赖适用于家养动物但不适用于其他动物。有人可能会回答说：（1）不清楚为什么这些契约论者的标准要高于罗尔斯，因为罗尔斯也提到了预先存在的规范性判断（例如，在他的例子中，正义只适用于人）；（2）契约论者的论点在给予动物政治考虑时确实是局限的，但幸运的是还有其他适用范围更广的道德论证，它们可以证明更广泛的保护是合理的，但严格来说并不涉及政治权利和义务。我们可以根据各种论据（如基于感知的论据）对许多动物给予道德上的考虑，但并非所有这些动物都有资格成为政治正义的受益者。例如，有人可能会说，我们*可能*对在森林中受苦受难的野生动物负有道德责任（例如，以辛格式的减轻痛苦的责任和同情心为基础），但这不是政治责任，因为该动物不是我们政治共同体的一部分。

为了回应这种限制，人们可以呼吁将政治共同体的范围扩大至所有动物，尽管很难说这意味着什么。例如，如果我们赋予野生动物以政治地位，那么我们对它们的责任是什么？我们还可以超越动物，讨论除了特定动物之外，河流或生态系统是否也应具有政治地位。例如，2018 年，哥伦比亚最高法院赋予亚马逊（Amazon）森林以人格；而在新西兰，旺格努伊河（Whanganui River）及生态系统也具有法律地位。后者可以通过有关内在价值的道德论证来证明其合理性，但也可以通过有关河流（如精神特征）与土著毛利人（Iwi people）之间相互依存关系的关系性政治论证来支持（当然，这两种论证可以相互关联）。关于地球或整个星球的价值也可以进行类似的辩论。例如在 2008 年，厄瓜多尔着手在宪法中保护 Pachamama（大地母亲）的权利；2010 年，玻利维亚——受安第斯土著世界观的影响，将地球视为一个生命体——通过了《地球母亲权利法》(Law of the Rights of Mother Earth)，将地球母亲定义为“公共利益的集体主体”，并列举了该实体应享有的若干权利，包括生命和生命多样性（ Vidal 2011)。我们可以将此定义为尊重地球母亲的内在价值，或尊重土著人民的政治权利，或两者兼而有之。

在环境伦理学中，关于人类中心主义（如 Callicott 1989；Curry 2011；Næss 1989；Rolston 1988）和内在价值（Rønnow-Rasmussen and Zimmerman，2005）的讨论由来已久。例如，里根（Regan 1983）将内在价值局限于高等动物，而卡利科特（Callicott 1989）、罗斯顿（Rolston 1988）和利奥波德（Leopold 1949）则主张将内在价值赋予物种、栖息地、生态系统和（罗斯顿的观点）生物圈的伦理观。这种观点与人类中心主义道德哲学（只承认人类的内在价值）背道而驰，其基础是对自然的生态学理解（McDonald，2003）。虽然这些讨论是在伦理学的框架下进行的，但可以扩展到基于内在价值的政治考量，并用于证明上述更广泛的自然实体的权利。

后人类主义理论也为非人类中心主义方法提供了基础，并可被解释为支持对非人类动物给予政治考虑。*后人类主义*，意思是“在……之后”或“超越”人类主义，是指对人类主义以及当代社会和文化持批判态度的若干理论方向。它有别于*超人类主义*，后者旨在增强人类的能力，至少有一种变体认为人工智能将取代人类或从人类手中夺取权力（见本章后文）。后人类主义以其哲学形式解构了“人类”以及等级制和二元论观点（Ferrando 2019），因此反对人类中心主义。由于它质疑人类在西方哲学传统中的特权地位，并提请人们关注非人类和混合（hybridization），因此它是后人类中心主义的，尽管它当然不能被化约为这种立场（Braidotti 2016，14）。例如，有些理论非常强调结构性歧视和不公正。想想女权主义的后人类主义和后殖民理论。我们还应该承认，西方传统中的人类中心主义是多种多样的（例如，将康德和黑格尔与亚里士多德和马克思相比较）：人类中心主义是有程度之分的（Roden 2015，11–12）。后人类主义的后人类中心主义与反二元论是相关联的：除了主体 / 客体、男性 / 女性等二元论之外，它还试图克服人类 / 非人类、人类 / 动物、有生命 / 无生命等二元论。因此，它也试图化解西方对技术的恐惧：它不把技术视为工具或威胁，而是强调德里达（1976；1981）和斯蒂格勒（1998）等人所谓的人类的"原始技术性（originary technicity）"（另见 Bradley 2011；MacKenzie 2002，3），并创造了与机器人共同生活的想象图景。后人类主义提出了包括技术在内的更为开放的本体论。人工智能不再被视为对人类自主性的威胁；经过其解构之后，"人类"及其非关系自主性不再受到威胁。主体永远无法完全掌控自己，总是依赖于他人。与女权主义关于关系自主性的解释一致，人类和主体都被视为具有深刻的关系性。正如鲁夫鲁瓦（2013）所言［追随巴特勒和阿尔都塞（Althusser）］，并不存在完全自主这种东西。此外，后人类主义是一个哲学课题，也是一个政治课题。除了后殖民主义、福柯主义和女权主义方法（以及其他方法），例如哈拉维、布拉多蒂（Braidotti）和海尔斯（Hayles）的著作，后人类主义还包括对非人类动物施加暴力和遭受痛苦的批评，而这些对动物的行为往往是持有人类中心主义、人类例外主义世界观和政治观的人所主张的结果（Asdal, Druglitrø, and Hinchliffe 2017）。此外，后人类主义承认我们——人类和非人类——都是相互依存的，我们都依赖于地球（Braidotti 2020，27）。（请注意，在技术哲学中也有其他来自不同理论方向的非人类中心主义伦理框架，例如弗洛里迪的信息伦理学）。

让我来解读这套后人类主义理论，首先要强调他们对动物和自然环境的不同态度。哈拉维是后人类主义的关键人物。她在《赛博格宣言》（*Cyborg Manifesto*）（2000）中进行了“政治-虚构（政治-科学）分析”，以赛博格（同时是动物和机器的生物）的形象跨越了自然与人工的分野，之后她至少从两个方面论证了致力于动物繁荣的政治。首先，她认为存在“伴侣物种”（companion species）（Haraway 2003），比如狗，我们与这些非人类重要动物的关系、共同生活以及最终的共同进化导致了彼此身份的共同构成。基于这一观点，我们可以主张至少给予那些作为伴侣物种的动物以道德和政治地位。其次，哈拉维提出了*制造亲缘*（making kin）和*多物种政治*（multispecies politics）的概念，进一步为动物打开了政治的边界。关于人类世的讨论强调了人类在塑造地球时的能动性，针对这一讨论，她认为不仅人类改造了地球，其他“地球改造者”（terraformers），如细菌，也改造了地球，并且生物物种和技术之间存在许多相互影响的行为。哈拉维（2015）认为，政治应促进“包括人类在内的丰富的多物种组合的繁荣”，但也应促进“超出人类”（more-than-human）和“人类之外”（other-than-human）的繁荣。基于这种“复合主义者”（composist）的观点，政治体被扩展为各种实体，我们可以与它们建立联系，也必须对它们作出回应。正如哈拉维在《与麻烦共存》（*Staying with the Trouble*）（2016）一书中所说：我们有责任“为多物种的繁荣创造条件”，这种回应形成了纽带，创造了新的亲缘关系。然而，她在注脚中警告不要以偏概全，强调要尊重多样性和历史状况，并将其与人类政治（尤其是美国政治）直接联系起来：

> 亲缘关系的建立必须尊重不同历史情境的多样亲缘关系，不能为了急功近利地追求共同人性、多物种集体或类似类别而将亲缘政治泛化或侵占……在非裔美国人和盟友组织起来反对警察谋杀黑人和其他暴行之后，美国许多白人自由主义者通过主张“所有命都是命”来抵制“黑人的命也是命”，这种令人遗憾的景象很有启发意义。建立联盟需要认识到具体情况、优先事项和紧迫性……如果不考虑过去和现在的殖民政策和其他灭绝和/或同化政策，就打算建立亲缘，这至少可以说是“家庭”功能失调的征兆。（207）

另一位后人类主义者沃尔夫（Wolfe）探讨了福柯的生命权力和生命政治概念对“跨物种关系”的影响（Wolfe 2010，126）。在

《法律面前：生命政治框架中的人类和其他动物》(*Before the Law: Humans and Other Animals in a Biopolitical Frame*)(2013)一书中，他质疑了从亚里士多德到海德格尔的西方传统中对动物的排斥。他批评了海德格尔关于人性与动物性是“在本体论上对立的区域”(ontologically opposed zones)的假设(5–6)，并利用生命政治学的概念——受福柯的启发(Wolfe 2017)——论证了我们在法律面前都是动物：

> 生命政治的要点不再是“人类”与“动物”的对立；生命政治的要点是一个新扩展的生命共同体，我们所有人都应该关注暴力和免疫保护在其中的位置，因为在法律面前我们毕竟都是潜在的动物(Wolfe 2013，104–105)。

马苏米(Massumi 2014)也质疑将动物排除在政治之外的做法。他质疑西方人类主义和形而上学中人类与动物的二分法，并将人类置于“动物的序列”(the animal continuum)。他质疑我们将自己与其他动物区分开来的形象，质疑排斥和与其保持距离的做法(如在动物园、实验室或屏幕前)，也质疑类型学思维本身及其类别分离，他提出了一种“整体的动物政治”，而不是“动物的人类的政治”。重点在于动物游戏(animal play)和“成为动物”(becoming-animal)(56–7)：这一术语受到德勒兹(Deleuze)和瓜塔里(Guattari)(1987)以及历程哲学(process philosophy)的影响，意在摒弃关于人类和动物的等级制和僵化思维，并对非人类动物受到的压迫提出质疑。

同样，布拉多蒂（2017）主张重新思考主体性，“将其视为一个包括人类和非人类行动者、技术媒介、动物、植物以及整个地球在内的集合体”。她还补充了一个具体的规范性*政治*观点：我们需要努力与非人类的其他物种建立更加平等的关系，并摒弃“人类作为造物之王的支配性格局”。她提出了以普遍生命为核心（zoe-centered）的平等主义，其中“生命”（zoe）指的是非人类的生命力量。受德勒兹和斯宾诺莎的影响，她主张采用一元论的方法，并强调以同情的态度承认与非人类形态的物种之间的相互依存关系。库德沃思（Cudworth）和霍布登（Hobden）（2018）也将后人类主义视为一个解放计划：他们的目标是去人类中心化，但又不失去批判性地介入我们时代的危机的可能性：生态挑战和全球不平等。他们的批判性后人类主义探索了新自由主义的替代方案（16–17），它是“一种针对所有生命的政治”，因此是“地球主义”的。我们置身于一个关系格局之中，与其他生物和生命体共享脆弱性。受到哈拉维的影响，库德沃思和霍布登描写了脆弱的“小动物”岌岌可危。（从存在主义角度探讨数字时代脆弱性的论著，另见 Coeckelbergh 2013 和 Lagerkvist 2019。）我们需要想象一个超越新自由主义、超越人类世和资本世（Capitalocene）、并且（跟随拉图尔）超越现代性的更具包容性的未来（Cudworth and Hobden 2018，137）。

拉图尔（1993；2004）以其非现代的科学和社会观点而闻名，在对社会和政治进行理论化时，他对人/物和自然/文化的区分提出了疑问。拉图尔认为，（关于）全球变暖（的争论）是一种混合体，是政治、科学、技术和自然的混合体。他主张去除自然概念的政治生态学。受拉图尔和英戈尔德（Ingold）的启发，我也在一些著作中对“自然”一词的使用有所质疑（如 Coeckelbergh 2015b；2017）。此外，正如阿莱莫（Alaimo 2016）所指出的，“自然”一词“长期以来一直被用来支持种族主义、性别歧视、殖民主义、仇视同性恋和本质主义”，因此并非政治中立。所以，后人类主义者从根本上重新划定了政治共同体的界限：不仅人类，非人类也（可以）成为政治共同体的一部分。这并不一定会导致没有界限或没有排斥，但它不再接受人类和非人类之间在政治方面存在深刻鸿沟的教条。后人类理论家还质疑伦理与政治之间的区分。阿莱莫认为，“即使是家庭领域中最微小、最个人化的伦理实践，也与全球资本主义、劳工和阶级不正义、气候不正义、新自由主义、新殖民主义、工业化农业、工厂化养殖、污染、气候变化和物种灭绝等各种巨大的政治和经济困境密不可分”。因此，后人类主义者捍卫一种不那么超然的方法，并同意那些环保活动家的观点，即我们应该改变我们的生活，而不是对“自然”作出超然的断言（然而，许多环保主义者仍在继续提及“自然”，这也是环保主义与后人类主义并不完全重合的原因之一）。

一些后人类主义理论家则借用了马克思的理论。例如，阿坦索斯基（Atansoski）和沃拉（Vora）（2019）认为，马克思的理论仍然可以被“应用于后资本主义、后人类世界的技术–乌托邦幻想”，并将其与关注种族、殖民主义和家长制的方法相结合。摩尔（Moore）对“自然中的资本主义”（capitalism-in-nature）的分析是一种将马克思主义与生态学方法相结合的有趣观点，它对自然与社会的二元对立提出了质疑。他认为，将自然视为外在的东西是资本积累的条件；相反，我们应该将资本主义视为组织自然的一种方式（Moore 2015）。他批评那些谈论赛博格、组合体、网络和混合体的人没有摆脱笛卡尔的（Cartesian）二元思维。

与后人类主义相关的还有多物种正义这一有意思的环境政治学概念，它对以人类为中心的正义论提出了质疑：它挑战了人类例外论以及人类与其他物种是独立和可以分离的观点（Celermajer et al. 2021，120）。查克尔特（Tschakert 2020）强调了气候变化的非人类维度，并认为气候紧急状态要求重新审视正义的原则和实践，而把人类和自然世界都纳入其中。她通过探讨如何认识与我们生活息息相关的非人类“他者”，展示了气候正义与多物种正义之间的相互联系。在法学理论中，也有更多关于谁或什么属于“正义共同体”（communities of justice）（Ott 2020，94）的思考，例如关于人类世中非人类的法律地位，以及其与地球系统中的不正义的关系。盖勒斯（Gellers 2020）建议扩大正义共同体的范围，将自然和人造的非人类都纳入法律主体。

现在，*如果*（某些？）动物和自然环境具有道德和政治地位，如果政治社会向非人类开放，那么这对人工智能和机器人技术的政治意味着什么？

人工智能和机器人技术对政治的影响

如果我们抛开人类中心主义，将政治扩大到动物和非人类自然，那么我们至少可以就人工智能的潜在影响形成两种立场。首先，我们可以主张，人工智能的使用和发展应考虑到动物、环境等具有道德和政治地位的存在，因此应避免对这些自然实体造成伤害，如有可能，最好能为更加环保的实践和解决气候变化等问题作出积极贡献。我们可以推广环境和气候友好型人工智能。其次，我们可以声称人工智能本身具有政治地位，因此我们应该为*人工智能*或至少为某些种类的人工智能（无论这意味着什么）谈论自由、公正、民主、政治权利，等等。接下来我将解读这些立场，并指出一些可供进一步发展的理论资源。

人工智能对非人类和自然环境影响的政治意义

第一种立场对人工智能本身的政治地位持不可知论（即人工智能是否将被视为需要纳入政治共同体的非人类），但它声称鉴于自然实体的政治价值和利益，人工智能政治不能再以人类中心主义的方式来构想。根据这一立场，人工智能不应该仅仅以人类为中心（即以人类的价值和利益为导向），更不应该以资本为中心，还应该以动物、生态系统和地球等自然实体的价值和利益为导向。这里的重点并不是说可以研究动物——例如，一些人工智能研究人员从生物学中汲取设计机器人的灵感，或采用生物学中的社会组织方法（Parikka 2010）——而是说动物本身也具有政治价值和利益，应该得到尊重。因此，在开发和使用人工智能时，应考虑到技术对动物、自然环境和气候的影响。

这些后果不一定是坏事。人工智能还有助于解决气候变化和其他环境问题，例如，利用机器学习分析数据和进行模拟，可以提高我们对气候变化和环境问题的科学认识，或者有助于追踪非法开采自然资源的情况。或许人工智能还能帮助我们与动物建立联系，例如可以帮助我们管理和保护栖息地。但与此同时，这项技术也可能首先导致这些问题。有时候这一点非常清晰可见。例如，家庭中由人工智能驱动的个人助理可能会打到宠物，或用语言迷惑宠物；用于组织农业和肉类生产的人工智能可能会系统性地对动物造成伤害；用于工业生产的人工智能可能会对气候和环境造成有害影响。然而，即使所有这一切原则上都是用户或观察者所能看到的，以人类为中心的政治学对这种情况也有盲点，因为它关注的是人类的政治学，因此也关注人工智能对人类的政治学。向非人类开放政治将有助于我们揭示、想象和讨论这些问题。然而，人工智能的使用往往会带来一些更遥远、更不明显的后果。这里有一个重要的话题，我在前面已经提到过，但值得更多关注，那就是人工智能在能源使用和资源利用方面对环境和气候的影响。某些类型的机器学习所需的算力急剧增加，这需要消耗大量能源，而这些能源往往不是来自可再生能源。例如，用于自然语言处理（NLP）的神经网络的训练需要大量的电力资源，因此会产生相当大的碳足迹（carbon footprint）。训练一个 NLP 模型所排放的二氧化碳当量是一辆普通汽车在其使用寿命内所产生的二氧化碳当量的五倍（Strubell, Ganesh, and McCallum 2019）。目前，研究人员正在努力寻找解决这一问题的方法，例如在更少的数据上进行训练，甚至减少表示数据所需的比特数（Sun et al. 2020）。苹果和谷歌等大型 IT 公司已经做出了可再生的承诺。尽管如此，大多数科技公司仍然依赖化石燃料，整个行业在全球范围内留下了巨大的碳足迹。根据绿色和平组织的一份报告，2017 年，该行业的能源足迹估计已占全球电力的 7%，预计还将上升（Cook et al. 2017；另见 AI Institute 2019）。使用流媒体服务——结合人工智能推荐系统——是问题的一部分，因为这需要更多的数据。生产与人工智能配合使用的电子设备还需要汲取原料，这会对社会和环境造成影响。与历史上各种形式的殖民主义一样，“数据殖民主义”（Couldry and Meijas 2019）与自然资源的开采相伴而生：目前人类的开采并不是“代替自然资源”，而是在汲取自然资源的基础上进行的。因此，人工智能和其他数字技术的使用并不一定会像某些人所希望的那样导致经济的去物质化，而是会导致更多的消费，从而带来更大的“生态压力”（Dauvergne 2020，257）。同样，监控资本主义不仅会对人类尊严进行摧残，也对环境造成影响。虽然这些环境和气候后果在使用时并不明显，而且往往发生在远离人工智能特定用途的地方，但这并不会降低它们的政治意义或政治问题。此外，虽然如前所述，人工智能有助于应对气候变化（Rolnick et al. 2019），但这并不一定能弥补这里所指出的问题。

基于这一分析，我们可以从规范角度认为，人工智能在碳足迹和环境后果方面的影响在政治上是有问题的，原因有两个：首先，全球变暖 / 气候变化和自然资源枯竭会给人类和人类社会带来后果，而人类和人类社会通常被认为具有政治地位，并依赖于自然环境和气候条件。其次，根据有关*非人类*的政治利益、内在价值等方面的论点，我们可以补充说，由于非人类的政治地位，这也是一个问题。如果特定的动物、生态系统和整个地球受到人工智能的影响——无论是直接影响，例如通过为人工智能设备汲取原材料或人工智能控制管理饲养的动物；还是间接影响，例如通过人工智能运行所需的电力生产所导致的碳对栖息地的破坏和气候变化的多方面影响——那么这种影响在政治上是有问题的，因为不仅是人类，*动物*、*环境*等在政治上是有价值的，也应该是有价值的。

然而，向非人类中心主义的人工智能政治转变的理念，不应被归类为仅仅涉及“非人类”“气候”或“环境”等某一政治价值或原则；相反，它与我们在前几章中探讨和构建的所有原则和讨论产生了共鸣。例如，如果（某些）动物在政治上也算数，那么我们也应该考虑*它们的*自由，讨论物种间的正义，诘问这些动物是否也可以成为民主国家的公民，等等。这样，人工智能政治就不再以人类为中心，而是以我们与其他一些动物的共同利益和需求为中心，*以及*以我们与它们虽然没有共同利益但在政治上仍然重要的特定利益和需求为中心。人工智能政治的非以人类为中心的转向并不意味着将动物、环境和气候视为现有框架的额外考虑因素，而是构成了对政治概念本身的根本性改变，其范围已扩大到包括非人类及其利益。

此外，一旦我们将人类从中心移除，地缘政治——在此被定义为地球或星球政治——就需要重新定义。从非人类中心主义的角度出发，并与上述后人类主义思想保持一致，谈论人类世已不再合适，因为这可能意味着人类是或者应该是中心并控制着一切。相反，重要的是要强调我们与许多其他生物共享地球和这个星球。也许人类已经被预设着一种超级能动性，并将地球及其人类和非人类居民视为自己的飞船，在人工智能和其他技术的帮助下，可以而且必须对其进行管理，甚至重新设计——但这正是问题所在，而不是解决办法。非人类中心主义的人工智能政治将减少以技术为主义，并对这种态度和做事方式提出疑问：这将意味着质疑人工智能作为解决我们所有问题的方法，并至少考虑放松我们对地球的控制，而不是通过人工智能和数据科学来加强控制。一旦我们质疑技术解决主义（Morozov 2013）或布鲁萨德（Broussard 2019）所说的“技术沙文主义”（technochauvinism）——认为技术永远是解决方案——我们就不再将人工智能视为解决我们所有问题的神奇方案，而会更加关注它为我们和非人类所做事情的局限性。

人工智能本身的政治地位？

第二种立场认为，人工智能不仅仅是为人类甚至非人类服务的工具，而且还考虑到某些人工智能系统本身获得政治地位的可能性，例如以“机器”的形式——无论这意味着什么。我们的想法是，人工智能不是或不应该只是达到政治目的的一种技术手段、一种政治工具，它可以不仅仅是一种工具，它*本身可以具有政治价值和利益*，在某些条件下应该被纳入政治共同体。这里的主张是，人工智能政治不应只是人类为非人类（和人类）服务的政治，也应该是*由*非人类来服务的政治——“为谁服务”是一个开放的问题，也可能包括技术上的非人类。

在技术哲学中，这类问题通常是作为一个*道德*问题：机器能否具有道德地位？在过去的二十年里，人工智能和机器人伦理学界就这一话题展开了热烈的讨论（例如，Bostromand Yudkowsky 2014；Coeckelbergh 2014；Danaher 2020；Darling 2016；Floridi and Sanders 2004；Gunkel 2018；Umbrello and Sorgner 2019）。但这些实体的*政治*地位如何？它们的政治权利、自由、公民身份、我们与它们之间关系的公正性等又如何？

这里有几条有趣的途径，可以探讨这方面的一些主张和论点。第一条路径是从关于机器道德地位的辩论中汲取经验。关于政治地位的一些讨论可能会反映出这一讨论主题。例如，有些人因为人工智能缺乏意识或承受痛苦的能力等特性而不愿赋予其道德地位，这些人很可能会以同样的论据来否定人工智能的政治地位。其他人可能会认为，这些内在属性对于政治地位并不重要，相反，关系或社区维度才是最重要的：如果我们以社会和社区的方式与人工智能建立联系，难道这还不足以赋予这些实体一定的政治地位吗？例如，贡克尔（Gunkel）和我都曾对根据内在属性赋予道德地位的观点提出质疑，并认为如何划定界限是一个需要（重新）协商的政治问题，其与人类的排斥和权力历史有关，因此我们现在对赋予其他实体道德地位这件事应该持谨慎态度。*更不用说*，政治地位也是如此。是时候重新讨论将机器排除在政治之外了吗？与政治地位同样相关的一个区别是道德能动性（moral agency）与道德承受性（moral patiency）之间的区分：道德能动性是指人工智能应该（不应该）对他人做什么，而道德承受性则是指可以对人工智能做什么。人工智能的政治能动性与政治承受性之间也可以做出类似的区分。例如，我们可以问，人工智能是否具有政治判断和政治参与所需的特性（能动性）；或者在某些条件下，人工智能在政治上*应做的事情*是什么（承受性）。

关于道德地位的讨论与政治（和法律）哲学之间的有趣联系可以通过关注权利的概念来实现。贡克尔的《机器人权利》（*Robot Rights*）（2018）是这一工作的绝佳起点，该书讨论了机器人的道德和法律地位以审视其社会处境。除了对机器人权利的不同立场作了有益的分类之外，贡克尔还超越了人类中心主义，指出权利并不一定意味着*人权*，而且我们错误地认为，当我们使用“权利”一词时，我们知道自己在谈论什么。权利有不同的类型，如特权、请求权、权力和豁免。虽然大多数人会拒绝赋予机器人或人工智能以人权，但我们可以利用这一分析，试图为机器人争取一种低于人权或不同于人权的特定类型的权利，并考虑其政治意义。承认权利不一定是人权或人类层面的权利，这为我们提供了一定的空间。然而，这样一种观点不仅会遭到那些本来反对机器人权利想法的人的反对，还可能面临关系性的反对意见。根据批判的后人类主义和后现代主义，可以说（Coeckelbergh 2014；Gunkel 2018）这种推理本身就构成了一种总体化哲学，它将道德哲学和政治哲学置于一个平台上，从这个平台上对实体进行分类并赋予其权利——道德权利和政治权利。还要注意的是，借鉴罗马法赋予机器人与奴隶相当的政治地位，或更广泛地以罗马法中的权利和公民权类别为蓝本建立一种政治权利框架，同样会产生问题——从马克思主义、后殖民和身份政治的角度来看也是如此（见第三章）。

另一条途径是将有关动物和环境的政治地位的论点应用于人工智能，例如将政治地位与合作或内在价值联系起来的论点（见本章第一节）。如果对动物来讲，意识或知觉被视为一种固有的属性，需要给予道德或政治地位，那么如果人工智能实体表现出同样的属性，我们就必须给予它同样的地位。如果人工智能与某些动物一样，被视为具有利益或在合作计划中充当合作伙伴，那么，根据唐纳森和金里卡（2011）等人的观点，即使人工智能没有意识或知觉，也可以被视为具有政治地位（但要注意，关于什么才算作知觉，还存在相当大的争议）。如果某些非人类实体（如河流或岩石）可以根据其内在价值获得政治地位，而无需有意识或有知觉，那么某些类型的人工智能或人工智能“生态”是否也可以获得类似的地位，特别是如果它们被某个特定社区视为神圣或特别有价值？此外，鉴于合成生物学和生物工程的可能性，生物实体与非生物实体之间的界限正变得越来越模糊。科学家们的实验室制造出了“混合体”：介于生物和人造实体之间。未来，我们可能会有更多的“合成生物”（synthetic organisms）和“活机器”（living machines）（Deplazes and Huppenbauer 2009）。例如，生物工程师试图制造可编程细胞。这些细胞看似有生命，但同时也是机器，因为它们是被设计出来的。如果人工智能朝着“生命”的方向发展（例如成为“活机器”），那么如果生命本身被视为具有政治地位（例如政治承受性）的一个充分条件，那它至少在某种程度上将满足与（其他）生命体相同的政治地位的条件。那么“生命”这个范畴到底有多重要呢？如果如一些环保主义者所主张的那样，物种和特定的自然环境本身是有价值的并被赋予了政治权利，那么“人造物种”和“人造环境”是否在政治上也应该受到保护呢？后人类主义者也欢迎各种混合体加入政治社会。对他们来说，活机器和人造生命不是问题；相反，坚持旧有的生命/非生命二元论是有问题的，而颠覆这种二元论和边界是他们的哲学乃至*政治*计划的一部分。

与一些关于机器道德地位的论点一样，一些关于政治地位的论点也可能受到人工智能最近成功超越人类（如国际象棋和围棋）的鼓舞，并可能假定未来人类可能发展出通用人工智能（AGI）或超级智能（ASI）。博斯特罗姆（2014）、库兹韦尔（2005）和莫拉维克（Moravec 1988）等超人类主义者认真考虑了这种可能性，并讨论了超人类智能出现、殖民地球然后扩散到宇宙的情景。在这种情况下，政治问题不仅涉及这些超级智能实体的政治地位（作为政治能动者或承受者），而且还涉及人类的政治地位：超级智能的人工智能是否会从人类手中接管政治权力，这对人类的政治地位意味着什么？人类是否会成为人工智能主人的奴隶，就像某些动物现在成为人类的奴隶一样？人类是否会被用作生物材料或能源（就像我们现在对某些植物或动物所做的那样——参见电影《黑客帝国》[*The Matrix*]），或者被上载到数字领域？人类还会存在吗？人类面临着哪些（可能被毁灭）的“生存”风险（Bostrom 2014）？我们能否赋予人工智能与人类目标相一致的目标，或者人工智能是否会改变这些目标，追求它自身而不是人类的利益？休斯（Hughes 2004）等超人类主义者倾向于第一种选择，他们（相对于后人类主义者）的目标不仅是延续和激化启蒙运动，而且是延续和激化人类主义和民主，即使人类将被彻底改变（Ferrando 2019，33）。另一些人则认为，人类必须被彻底征服，我们最好为比我们更聪明的生物留出空间。无论如何，超人类主义者都同意，人工智能等技术——而不是教育和人类文化——将会而且应该创造出更好的人类和超人类，这将对整个人类产生政治影响。从这个意义上说，这很可能会改变人类（如果还存在的话）和他们的强化了的人工智能或超级智能主人之间的力量平衡。正如赫拉利（2015）所言，届时可能不再需要民主和其他旧制度。虽然大多数超人类主义者较少花时间去思考对具体人类和人类社会更直接的政治影响，但超人类主义也有一些分支，他们拥有明确的政治性，关注当下，包括自由主义［佐尔坦·伊斯特万（Zoltan Istvan），他曾在2016年竞选过美国总统］、民主主义和左派，呼吁关注社会问题（James Hughes）。

另一个较不具未来感但早已与今日息息相关的讨论是，人工智能在政治和治理中作为政治智能体的作用。再考虑一下政治专业知识和领导力的问题：政治需要什么样的判断力和能力，我们如何平衡技术官僚制与民主？如果人类能够对具有挑战性的政治问题作出判断，如果这种能力与人类的自主性和规范性地位有关，那么人工智能能否发展出这种判断能力，从而获得政治能动性？人工智能能否从人类手中接管政治？它是否具备政治领导所需的知识、专业和技能？人工智能在政治中的这种作用是否与民主相容？第四章已经讨论了其中的一些问题，但现在我们关注的不再仅仅是人工智能在知识、技术和民主方面的工具性作用，而是人工智能能否以及如何获得自身的政治能动性。

为了回答这个问题，我们可以回过头来讨论非人类的道德地位，特别是其道德能动性［例如弗洛里迪和桑德斯（Sanders）］，但我们也可以通过再次考虑关于非人类的后人类主义思想（拉图尔），或者像第四章那样，通过参考关于领导力和公民权的政治理论，讨论是否需要理性能力、情感的作用是什么、政治专业知识是什么等等，来详细阐述这一讨论。例如，阿伦特曾警告说，常识、思考和判断在政治中是必要的；根据我在第二章和第四章中的建议，人们可以对人工智能能否获得这些能力提出质疑。

而除了“能否”的问题，当然还有“应该”的问题。很少有作者公开热衷于讨论人工智能技术官僚制的可能性。即使在超人类文学中，技术官僚制有时也会遭到反对。最突出的，休斯在《公民赛博格》（*Citizen Cyborg*）（2004）中指出，技术应该由我们民主地控制，除了理性、科学和技术，我们还需要民主。不仅如此，休斯还敦促说，对自然的技术驾驭“需要彻底的民主化”。他呼吁建立一种民主形式的超人类主义和超级智能：我们将诞生其他形式的智能，但我们现在应该“结束战争、不平等、贫困、疾病和不必要的死亡”，因为这将决定超人类主义未来的形态。此外，当前的人类将设计未来的人类，这一观点提出了与此时此地相关的代际正义问题：我们要承担起这样的责任吗？然而，许多超人类主义者更愿意关注遥远的未来，一个不一定发生在地球上，也不一定发生在我们所知的人类身上的未来。如今，埃隆·马斯克（Elon Musk）和杰夫·贝索斯（Jeff Bezos）等科技界亿万富翁似乎都支持这样的愿景，并制定了太空开拓计划。

一些后人类主义理论提到了机器的政治地位以及将政治共同体扩大到机器的想法。在上一节中，我已经提到哈拉维是如何主

张一种跨越有机体 / 机器界限和生物物种 / 技术界限的政治，反对霸权秩序和二元对立。这不仅关系到动物的政治地位，也关系到机器的政治地位。赛博格的隐喻意在解构人类 / 机器二元论。哈拉维表达了一种后人类主义政治和一种“与新技术纠缠在一起的女权主义政治”（Atanasoski and Vora 2019）。不过，这里的重点也不仅仅是我们需要以不同的方式思考技术，我们还需要重新思考人类和政治。格雷（Gray 2000）在《赛博格公民》（*Cyborg Citizen*）（2000）一书中继承了哈拉维的赛博格想象。这个词指的是人类作为一个物种不断通过技术改造自己，从这个意义上说，我们就是赛博格。那么问题是：“赛博格社会”（cyborg society）意味着什么？在“电子复制（electronic reproduction）时代”，公民身份意味着什么？作者认为，技术就是政治性的，必须以更加民主的方式形成技术秩序。既然知识就是力量，那么赛博格公民就需要掌握信息来治理国家。在新技术不断发展的同时，我们也需要新的政治体制。

与哈拉维一样，巴拉德（Barad 2015）也对新的政治想象感兴趣。她借鉴雪莱（Shelley）的《弗兰肯斯坦》（*Frankenstein*）以及同性恋和变性理论，认为怪物可以邀请我们探索新的生成形式和亲缘关系，并想象与非人类和后人类的他者融合。在《半路遇见宇宙》（*Meeting the Universe Halfway*）（2007）一书中，她质疑将世界划分为社会和自然等类别。她以量子力学作为隐喻的来源，认为我们应该“将社会和自然放在一起进行理论化”。她试图用她的现实主义版本——能动实在论（agential realism）来实现这一点，这也是对话语实践的一种表演性理解的回应。巴拉德认为，存在着人类和非人类的能动性形式。她将其与受福柯和巴特勒启发的权力概念联系起来，但［受费尔南德斯（Fernandes）启发］她也谈到了生产关系，而生产关系是由机器能动性重新配置的。机器和人类是通过“特定的能动性牵连”而出现的，它们相互建构。在其他地方，巴拉德（2003）批评了表征主义，并将其与政治上的个人主义联系起来。她的替代方案是后人类主义的表演性概念，这一概念对人类/非人类或社会/物质等类别提出了质疑，并认为权力不仅是社会性的，而且是在物质化中发挥作用的。人类和非人类的身体都通过表演性和“能动的交互作用”（agential intra-actions）而“变得重要”。

根据这些方法，前几章中讨论的许多现象都可以重构为不仅涉及人类，也涉及非人类。偏见、不平等以及极权主义形式的控制和监视的产生不仅依赖于人类，也依赖于非人类，包括技术和制度。例如，受德勒兹和瓜塔里的影响，哈格蒂（Haggerty）和埃里克森（Ericson）（2000）认为，与其使用“全景敞视监狱”的隐喻来描述当代监控，不如使用“监视者集合”（surveillant assemblage）一词，因为它既涉及人类，也涉及非人类。

关于人工智能的人类/非人类二元论，另一种有点像后人类主义当然也是解构主义的方法是，质疑人类/人工智能的区别并不是在质疑两个固定的术语；而是说在这个过程中，这两个术语也会发生变化。当我们讨论人工智能的含义时，我们不仅是在讨论一种技术，也是在使用和讨论一种隐喻：使用“人工智能”一词依赖于与人类智能的比较。现在，隐喻往往会改变它们所连接的两个术语。受到里科尔（Ricoeur）关于隐喻的观点的启发，特别是他的“谓语同化”（predicative assimilation）一词（Ricoeur 1978，148）中所说明的隐喻产生了“在隐喻结合之前并不存在新的相似纽带”，李（2018，10–11）指出了在人工智能方面人类与机器之间存在着“隐喻崩塌”（metaphoric collapse）：人工智能的拟人化创造了一个在人性化之前并不存在的人类。换句话说，人工智能不仅让我们对机器有了不同的思考，也让我们对人类有了不同的思考。这也具有政治意义。按照李的说法，我们可以说，决定如何塑造人类与人工智能之间的关系是一种权力行为。从这个意义上说，“人工智能”一词的创造和使用本身就是一种政治行为。隐喻还能促进特定的信念。例如，布鲁萨德（Broussard 2019）认为，“机器学习”一词暗示计算机具有能动性，并且因为会学习而有知觉。这种“语言混淆”也可被视为一种（表演性的）权力行使。

有时，后人类主义与政治理论有着明确的联系。佐尔科斯（Zolkos 2018）认为政治理论出现了后人类转向，这就需要对政治进行非人类中心主义的理论化。这意味着，在其他事情之外，生物有机体和机器都要从政治能动性的角度加以考虑。例如，拉扎拉托（Lazzarato 2014）将象征（符号）和技术（机器）结合在一起。机器是社会行动者，而巨型机器［借用技术哲学家刘易斯·芒福德（Lewis Mumford）的术语］是包括人类、非人类动物和无生命物体在内的集合体。拉扎拉托认为，在晚期资本主义中，人类受制于巨型机器的运作。届时政治不仅是人类的问题，而且还发生在（巨型）机器内部，人类、机器、物体和符号都是其中的媒介，并通过它们产生主体性。由于机器“建议、促成、征求、提示、鼓励和禁止某些行为、思想和情感”，机器建立了权力关系——福柯理论中的那种权力关系。拉扎拉托尤其看到了机器奴役：“科学、经济、通信网络和福利国家的运作模式”。他批评了新自由主义，并从网络中断事件中看到了激进政治变革的可能性。

但是，超人类主义甚至后人类主义能否充分支持这种变革并发挥关键作用？从批判理论的角度来看，我们可以把关于人工智能道德和政治地位的整个讨论看作是科幻小说中的叙事和表演，这些叙事和表演有可能支持使用和发展人工智能，通过资本主义剥削手段为少数人创造利润。在关于权力的上一章中，我举了人形机器人索菲亚的例子：它的表演和叙事诉诸于政治地位（公民身份）的理念，但——批判理论家可以这么说——这实际上是为了牟利和积累资本。我们绝对应该讨论人工智能对人类的影响，或许也包括对非人类的影响。但是，讨论人工智能的政治地位（作为能动者或承受者）可能会分散人们对资本主义剥削形式的注意力，而这些剥削形式对人类和地球（其他部分）都是有害的。

最后，正如后人类主义者、环保主义者和女权主义者提醒我们的那样，谈论“人类”的未来和我们与“自然”的关系，甚至谈论非人类、机器“他者”（如一些后人类主义者的作品），很可能会分散我们对家庭和个人领域政治的注意力：与“大”政治相关联的“小”政治。我们在日常生活中与人工智能以及彼此间的互动也是政治性的（正如前几章关于平等与权力的讨论所示，我们如何定义“我们”也是政治性的）。人工智能的政治性深入到你我在家中、工作场所、朋友之间等使用技术的行为中，反过来又建构了这种政治性。也许这才是人工智能的真正力量：通过我们在智能手机和其他屏幕上的日常生活（世界），我们实际上把权力交给了人工智能，交给了那些利用人工智能进行资本积累、支持特定霸权社会结构、强化二元对立、否定多元性的人。从这个意义上说，“数据是新的石油”：如果我们不使用它，如果我们不沉迷于它，数据和石油都不会如此重要。同样，人工智能和人工智能的政治都是关于人的：尤其是那些想要让我们沉迷其中的人。同时，这也为抵抗和变革开启了可能性。

第七章　结论：政治技术

本书的贡献及结论

针对人工智能及相关技术所提出的规范性问题，本书认为，在利用实践哲学的资源时，不仅要利用伦理学，还要利用政治哲学。在每一章中，通过关注具体的政治原则和问题并将它们与人工智能联系起来，我就如何在人工智能和政治哲学之间架起桥梁提出了建议。很明显，我们目前在政治和社会讨论中关心的议题，如自由、种族主义、公正、权力和（对）民主的威胁，在人工智能和机器人等技术发展的背景下，具有了新的紧迫性和意义，而政治哲学可以帮助我们概念化和讨论这些议题和意义。本书展示了有关自由、公正、平等、民主、权力和非人类中心主义政治的理论如何有效地用于思考人工智能。

更确切地说，我主要做了两方面的工作。一方面，我展示了政治哲学和社会理论中的概念和理论如何帮助我们制定、理解和应对人工智能提出的规范性政治挑战。由此勾勒出了人*工智*

*能政治哲学*的轮廓，它像是一*种*概念工具箱，可以帮助我们思考人工智能的政治问题。本书并不具有排他性；我欢迎来自其他方向的学术讨论，而且所引用的一些文献严格来说并非来自政治哲学。此外，本书仅作为入门读物，为进一步探讨这些主题留出了足够的空间。尽管如此，它还是*为思考人工智能的政治面向的评价性和规范性框架提供了一些实质性构件*，这对于那些对人工智能在研究、高等教育、商业和政策方面的规范性问题感兴趣的人可能会有所帮助。我希望这些概念工具和论述不仅在学术上有意义，而且还能指导实际工作，以应对人工智能和人工*权力*所带来的挑战：人工智能既具有技术性，也具有*政治性*。

另一方面，除了这种实际用途之外，人工智能应用政治哲学的这种实践还具有超越应用的哲学意义：事实证明，将人工智能和机器人技术的政治概念化并不是简单地应用政治哲学和社会理论中的现有概念，而是*要求我们对概念和价值本身*（自由、平等、公正、民主、权力、以人类为中心的政治）*提出质疑*，并重新审视有关政治的本质和未来的有趣问题。例如，专业知识、理性和情感在政治中的作用是什么？一旦我们质疑人类的中心和霸权地位，后人类中心主义政治意味着什么？本书表明，关于人工智能的讨论要求我们——从某种意义上说是“迫使”我们——重新审视政治哲学的概念和讨论，并最终挑战我们去质疑人类和人类主义——或至少是质疑这些概念中某些有问题的方面。

鉴于对技术的思考会引发、有时候会动摇我们对政治的思考，我认为，21 世纪的政治哲学再也不能，也不应该不回应有关技术的问题了。我们必须*将*政治与技术*结合起来思考*：思考其中一个问题，就不能不思考另一个问题。这两种思考领域之间迫切需要更多的对话，也许最终应该将两者融合在一起。

现在正是我们这样做的时候了。黑格尔在 1820 年的《法哲学原理》(*Outlines of the Philosophy of Right*）中指出，哲学是“把握在思想中的时代”(Hegel 2008，15)，与所有哲学一样，政治哲学也应回应和反映其时代，除此之外，也许别无他法，它无法真正超越它的时代。套用黑格尔引用的拉丁格言：这里就是罗陀斯，就在这里跳吧。我们的时代不仅是一个社会、环境和存在主义心理动荡和转型的时代，也是一个人工智能等新技术与这些变化和发展紧密纠缠的时代。这是一个人工智能的时代。因此，思考政治的未来需要与思考技术及其同政治的关系紧密联系起来。人工智能已经到来，人工智能与我们的时代息息相关，因此*人工智能是我们必须面对和思考的地方*。基于政治哲学和相关理论（如关于权力的社会理论、后人类主义理论），本书为这种面对和思考提供了一些指引。

然而，这仅仅是个开始，是第一步或序言而已。本书是关于政治与人工智能以及广义上政治与技术的一个更庞大计划的批判性介绍。在本书的最后，请允许我对未来的研究做一个展望。

下一步需要做什么：政治技术问题

作为一本导论和哲学著作，本书的重点在于提出问题而非提供答案。它就政治哲学如何提供帮助提出了建议，这些建议已发展成为一个工具箱和一个框架，一个有助于讨论人工智能政治的结构。然而，我们还需要做更多的工作。更确切地说，接下来至少需要采取两个方面的措施。

第一，需要进行更多的研究和思考，以进一步发展该框架。这就像一个脚手架：具有支撑作用，但只是暂时的，现在需要的是进一步的建构。随着关于人工智能政治的文献迅速增加，我毫不怀疑，在人工智能的偏见、大型科技的权力、人工智能与民主等议题上会有更多的建树。但鉴于本书的计划是助力人工智能政治哲学的诞生，我特别希望：（1）更多*哲学家*能够撰写关于人工智能政治的文章（目前往往是由其他学科的人撰写，而且很多非学术性的文章只是浅尝辄止）；（2）利用*政治哲学*和社会理论开展更多的工作，目前在关于人工智能和技术哲学的规范性思考中，政治哲学和社会理论的资源使用严重不足，这也许是因为它们不如伦理学那么为人所熟悉或流行。正如著名技术哲学家兰登·温纳（Langdon Winner）在20世纪80年代就提出的观点：技术是政治性的。他警告说，新技术非但不会带来更多的民主化和社会平等，反而很可能为那些已经拥有大量权力的人带来更多的权力（Winner 1986，107）。正如我在书中所展示的，通过利用政治哲学的资源，我们可以进一步发展技术是政治性的这一观点，并批判性地讨论人工智能等技术的影响。

第二，如果要将政治定义为公众关注的、我们都应参与其中的事情，那么对人工智能政治的思考也应在学术界之外进行，并应由各类利益相关者在各种背景下进行。人工智能政治并非只是我们在书本上思考和书写的东西，而是我们应该去*实践*的东西。如果我们摒弃那种认为只有哲学家和专家才能统治一切的柏拉图式的思想，那么在人工智能的背景下，我们就应该共同找出什么是良善的社会：人工智能政治应该是公开讨论和参与的，而且应该以包容的方式进行。但这并不排斥哲学和哲学家的作用：本书提供的政治哲学概念和理论可能有助于提高此类公开讨论的质量。例如，如今人们常说人工智能威胁民主，但却不清楚其中的原因以及民主的含义。正如我在第四章中所展示的，在技术哲学和媒体哲学的协助下，政治哲学可以帮助厘清这一点。此外，鉴于本书中指出了一些危险（例如，社会中的偏见和各种形式的歧视；社交媒体的回音室和过滤气泡；极权主义者使用人工智能的危险），我们面临着*如何*应对这些挑战以及如何改善讨论的挑战。我们需要什么样的程序、基础设施和知识形式，才能对人工智能和其他技术进行民主和包容的讨论？而实际上，我们（不）需要什么*技术*，我们（不）如何更好地使用它们？我们需要什么样的社交媒体，人工智能的作用和地位又是什么？对如何以民主和包容的方式进行人工智能政治的思考，让我们回到了我们应该就民主和政治本身提出一个基本问题：*怎样*进行。如果有关政治的问题和有关技术的问题确实如此相关，那么这个问题也可以表述为：我们需要并且想要什么样的*政治技术*？

最后，在某种程度上，本书使用并回应了标准的英语世界的政治哲学，所提出的框架也部分复制了其偏见、文化政治取向和局限。例如，我在英语世界的政治哲学研究中遇到的许多讨论都想当然地以美国的政治和文化为背景，从而忽视了世界其他地区的其他方法和背景，甚至可以说更糟糕的是，忽视了他们的哲学观点、论据和预设，是如何受到他们自己的政治文化背景所形塑。此外，大多数现代政治哲学都专注于民族国家的背景，未能应对全*球*背景下出现的挑战。在进一步发展学术界和非学术界对人工智能和政治的思考时，至关重要的是要解决这些问题并应对人工智能政治所带来的挑战；同时要考虑到这些问题产生的全球背景，并对不同民族和文化在思考技术、政治乃至人类问题时的*文化差异*保持足够的敏感性。一方面，鉴于人工智能不会止步于国界，其影响超越了民族国家，又鉴于世界上有许多不同的人工智能参与者（不仅有美国，还有欧洲的国家，以及中国等），因此在全球背景下思考人工智能的政治问题，发展一种全球人工智能政治或许是非常重要的。这样一个计划会带来挑战。例如，各种政府间组织和非政府组织已经在制定应对人工智能的政策；但是，这种国际性工作——国家之间的工作——是否足够，或者我们是否需要（更多）*超*国家的治理形式？我们是否需要新的政治体制、新的政治技术在全球层面来治理人工智能？*我们需要什么样的全球政治技术*？另一方面，必须牢记的是，本书提供的文献反映了特定的政治背景。例如，当尤班克斯（2018）批评以特定的道德主义方式处理贫困问题时，这种批评是在美国的政治文化背景下进行的，而其他国家并不一定认同美国的政治文化，而且*那种*政治文化也有其自身的挑战。对人工智能政治的思考需要对文化差异的这个维度更加敏感，特别是如果它要同时在本地和全球背景中变得更具关联性、更富有想象力、更有责任感、更有实际意义的话。

总之，本书不仅建议使用政治哲学来思考人工智能；更广泛的建议和雄心勃勃的想法是，还要求我们冒着将政治与技术结合起来思考的*死亡一跃*的风险，以一种回应我们的社会和世界正在发生的事情的方式来思考。现在是时候这样做了，而且非常需要这样做。如果我们不这样做，我们将无法对人工智能等技术已经对我们和政治造成的影响保持足够的批判和反思，我们就会成为人工智能和人工权力的无助受害者。也就是说，我们将成为我们自己和我们社会的无助受害者：成为人类的技术、隐喻、二元论和权力结构的无助受害者，而这些正是我们所允许的、回过来又统治我们自己的东西。这唤起了反乌托邦的叙事，以及本书中一再出现的不幸的现实世界的例子：这些故事和案例展示了关键的政治原则和价值是如何受到威胁的。我们可以也应该做得更好。对政治技术的思考，把对技术的思考与对我们社会和全球政治秩序的基本原则和结构的质疑联系起来，可以帮助我们创造和讲述更好、更积极的故事——不是关于遥远的未来，而是此时此地——关于人工智能的故事，关于我们的故事，以及关于其他重要存在和事物的故事。

参考文献

Aavitsland, V. L. (2019). "The Failure of Judgment: Disgust in Arendt's Theory of Political Judgment." *Journal of Speculative Philosophy* 33(3), pp. 537–50.

Adorno, T. (1983). *Prisms*. Translated by S. Weber and S. Weber. Cambridge, MA: MIT Press.

Agamben, G. (1998). *Homo Sacer: Sovereign Power and Bare Life*. Translated by D. Heller-Roazen. Stanford: Stanford University Press.

AI Institute. (2019). "AI and Climate Change: How They're Connected, and What We Can Do about It." *Medium*, October 17. Available at: https://medium.com/@AINowInstitute/ai-and-climate-change-howtheyre-connected-and-what-we-can-do-about-it-6aa8d0f5b32c.

Alaimo, S. (2016). *Exposed: Environmental Politics and Pleasures in Posthuman Times*. Minneapolis: University of Minnesota Press.

Albrechtslund, A. (2008). "Online Social Networking as Participatory Surveillance." *First Monday* 13(3). Available at: https://doi.org/10.5210/fm.v13i3.2142.

Andrejevic, M. (2020). *Automated Media*. New York: Routledge.

Arendt, H. (1943). "We Refugees." *Menorah Journal* 31(1), pp. 69–77.

Arendt, H. (1958). *The Human Condition*. Chicago: University of Chicago Press.

Arendt, H. (1968). *Between Past and Future*. New York: Viking Press.

Arendt, H. (2006). *Eichmann in Jerusalem: A Report on the Banality of Evil*. New York: Penguin.

Arendt, H. (2017). *The Origins of Totalitarianism*. London: Penguin.

Asdal, K., Druglitro, T., and Hinchliffe, S. (2017). "Introduction: The 'More-Than-Human' Condition." In K. Asdal, T. Druglitro, T., and S. Hinchliffe (eds.), *Humans, Animals, and Biopolitics*. Abingdon: Routledge, pp. 1–29.

Atanasoski, N., and Vora, K. (2019). *Surrogate Humanity: Race, Robots, and the Politics of Technological Futures*. Durham, NC: Duke University Press.

Austin, J. L. (1962). *How to Do Things with Words*. Cambridge, MA: Harvard University Press.

Azmanova, A. (2020). *Capitalism on Edge: How Fighting Precarity Can Achieve Radical Change without Crisis or Utopia*. New York: Columbia University Press.

Bakardjieva, M., and Gaden, G. (2011). "Web 2.0 Technologies of the Self." *Philosophy & Technology* 25, pp. 399–413.

Barad, K. (2003). "Posthumanist Performativity: Towards an Understanding of How Matter Comes to Matter." *Signs: Journal of Women in Culture and Society* 28(3), pp. 801–31.

Barad, K. (2007). *Meeting the Universe Halfway: Quantum Physics and the Entanglement of Matter and Meaning*. Durham, NC: Duke University Press.

Barad, K. (2015). "Transmaterialities: Trans*/Matter/Realities and Queer Political Imaginings." *GLQ: A Journal of Lesbian and Gay Studies* 21(2–3), pp. 387–422.

Bartneck, C., Lütge, C., Wagner, A., and Welsh, S. (2021). *An Introduction to Ethics in Robotics and AI*. Cham: Springer.

Bartoletti, I. (2020). *An Artificial Revolution: On Power, Politics and AI*. London: The Indigo Press.

BBC (2018). "Fitbit Data Used to Charge US Man with Murder." *BBC News*, October 4. Available at: https://www.bbc.com/news/

technology-45745366.

Bell, D. A. (2016). *The China Model: Political Meritocracy and the Limits of Democracy*. Princeton: Princeton University Press.

Benjamin, R. (2019a). *Race After Technology*. Cambridge: Polity.

Benjamin, R. (2019b). *Captivating Technology: Race, Carceral Technoscience, and Liberatory Imagination in Everyday Life*. Durham, NC: Duke University Press.

Berardi, F. (2017). *Futurability: The Age of Impotence and the Horizon of Possibility*. London: Verso.

Berlin, I. (1997). "Two Concepts of Liberty." In: I. Berlin, *The Proper Study of Mankind*. London: Chatto & Windus, pp. 191–242.

Berman, J. (2011). "Futurist Ray Kurzweil Says He Can Bring His Dead Father Back to Life Through a Computer Avatar." *ABC News*, August 10. Available at: https://abcnews.go.com/Technology/futurist-ray-kurzweil-bring-dead-father-back-life/story?id=14267712.

Bernal, N. (2020). "They Claim Uber's Algorithm Fired Them. Now They're Taking It to Court." *Wired*, November 2. Available at: https://www.wired.co.uk/article/uber-fired-algorithm.

Bietti, E. (2020). "Consent as a Free Pass: Platform Power and the Limits of Information Turn." *Pace Law Review* 40(1), pp. 310–98.

Binns, R. (2018). "Fairness in Machine Learning: Lessons from Political Philosophy." Proceedings of the 1st Conference on Fairness,

Accountability and Transparency. *Proceedings of Machine Learning Research* 81, pp. 149–59. Available at: http://proceedings.mlr.press/v81/binns18a.html.

Birhane, A. (2020). "Algorithmic Colonization of Africa." *SCRIPTed: A Journal of Law, Technology, & Society* 17(2). Available at: https://script-ed.org/article/algorithmic-colonization-of-africa/.

Bloom, P. (2019). *Monitored: Business and Surveillance in a Time of Big Data*. London: Pluto Press.

Boddington, P. (2017). *Towards a Code of Ethics of Artificial Intelligence*. Cham: Springer.

Bostrom, N. (2014). *Superintelligence: Paths, Dangers, Strategies*. Oxford: Oxford University Press.

Bostrom, N., and Yudkowsky, E. (2014). "The Ethics of Artificial Intelligence." In: K. Frankish and W. Ramsey (eds.), *Cambridge Handbook of Artificial Intelligence*. New York: Cambridge University Press, pp. 316–34.

Bourdieu, P. (1990). *The Logic of Practice*. Translated by R. Nice. Stanford: Stanford University Press.

Bozdag, E. (2013). "Bias in Algorithmic Filtering and Personalization." *Ethics and Information Technology* 15(3), pp. 209–27.

Bradley, A. (2011). *Originary Technicity: The Theory of Technology from Marx to Derrida*. Basingstoke: Palgrave Macmillan.

Braidotti, R. (2016). "Posthuman Critical Theory." In: D. Banerji and M. Paranjape (eds.), *Critical Posthumanism and Planetary Futures*. New Delhi: Springer, pp. 13–32.

Braidotti, R. (2017). "Posthuman Critical Theory." *Journal of Posthuman Studies* 1(1), pp. 9–25.

Braidotti, R. (2020). " 'We' Are in This Together, but We Are Not One and the Same." *Journal of Bioethical Inquiry* 17(4), pp. 465–9.

Broussard, M. (2019). *Artificial Unintelligence: How Computers Misunderstand the World*. Cambridge, MA: MIT Press.

Bryson, J. J. (2010). "Robots Should Be Slaves." In: Y. Wilks (ed.), *Close Engagements with Artificial Companions*. Amsterdam: John Benjamins Publishing, pp. 63–74.

Butler, J. (1988). "Performative Acts and Gender Constitution: An Essay in Phenomenology and Feminist Theory." *Theatre Journal* 40(4), pp. 519–31.

Butler, J. (1989). "Foucault and the Paradox of Bodily Inscriptions." *Journal of Philosophy* 86(11), pp. 601–7.

Butler, J. (1993). *Bodies That Matter: On the Discursive Limits of "Sex."* London: Routledge.

Butler, J. (1997). *Excitable Speech: A Politics of the Performative*. New York: Routledge.

Butler, J. (1999). *Gender Trouble: Feminism and the Subversion of Identity*. New York: Routledge.

Butler, J. (2004). *Precarious life: The Powers of Mourning and Violence*. London: Verso.

Caliskan, A., Bryson, J. J., and Narayanan, A. (2017). "Semantics Derived Automatically from Language Corpora Contain Human-Like Biases." *Science* 356(6334), pp. 183–6.

Callicott, J. B. (1989). *In Defense of the Land Ethic: Essays in Environmental Philosophy*. Albany: State University of New York Press.

Canavan, G. (2015). "Capital as Artificial Intelligence." *Journal of American Studies* 49(4), pp. 685–709.

Castells, M. (2001). *The Internet Galaxy: Reflections on the Internet, Business, and Society*. Oxford: Oxford University Press.

Celermajer, D., Schlosberg, D., Rickards, L., Stewart-Harawira, M., Thaler, M., Tschakert, P., Verlie, B., and Winter, C. (2021). "Multispecies Justice: Theories, Challenges, and a Research Agenda for Environmental Politics." *Environmental Politics* 30(1–2), pp. 119–40.

Cheney-Lippold, J. (2017). *We Are Data: Algorithms and the Making of Our Digital Selves*. New York: New York University Press.

Chou, M., Moffitt, B., and Bryant, O. (2020). *Political Meritocracy and Populism: Cure or Curse?*. New York: Routledge.

Christiano, T. (ed.) (2003). *Philosophy and Democracy: An*

Anthology. Oxford: Oxford University Press.

Christiano, T., and Bajaj, S. (2021). "Democracy." *Stanford Encyclopedia of Philosophy*. Available at: https://plato.stanford.edu/entries/democracy/.

Christman, J. (2004). "Relational Autonomy, Liberal Individualism, and the Social Constitution of Selves." *Philosophical Studies* 117(1–2), pp. 143–64.

Coeckelbergh, M. (2009a). "The Public Thing: On the Idea of a Politics of Artefacts." *Techné* 13(3), pp. 175–81.

Coeckelbergh, M. (2009b). "Distributive Justice and Cooperation in a World of Humans and Non-Humans: A Contractarian Argument for Drawing Non-Humans into the Sphere of Justice." *Res Publica* 15(1), pp. 67–84.

Coeckelbergh, M. (2012). *Growing Moral Relations: Critique of Moral Status Ascription*. Basingstoke and New York: Palgrave Macmillan.

Coeckelbergh, M. (2013). *Human Being @ Risk*. Dordrecht: Springer.

Coeckelbergh, M. (2014). "The Moral Standing of Machines: Towards a Relational and Non-Cartesian Moral Hermeneutics." *Philosophy & Technology* 27(1), pp. 61–77.

Coeckelbergh, M. (2015a). "The Tragedy of the Master:

Automation, Vulnerability, and Distance." *Ethics and Information Technology* 17(3), pp. 219–29.

Coeckelbergh, M. (2015b). *Environmental Skill*. Abingdon Routledge.

Coeckelbergh, M. (2017). "Beyond 'Nature'. Towards More Engaged and Care-Full Ways of Relating to the Environment." In: H. Kopnina and E. Shoreman-Ouimet (eds.), *Routledge Handbook of Environmental Anthropology*. Abingdon: Routledge, pp. 105–16.

Coeckelbergh, M. (2019a). *Introduction to Philosophy of Technology*. New York: Oxford University Press.

Coeckelbergh, M. (2019b). *Moved by Machines: Performance Metaphors and Philosophy of Technology*. New York: Routledge.

Coeckelbergh, M. (2019c). "Technoperformances: Using Metaphors from the Performance Arts for a Postphenomenology and Posthermeneutics of Technology Use." *AI & Society* 35(3), pp. 557–68.

Coeckelbergh, M. (2020). *AI Ethics*. Cambridge, MA: MIT Press.

Coeckelbergh, M. (2021). "How to Use Virtue Ethics for Thinking about the Moral Standing of Social Robots: A Relational Interpretation in Terms of Practices, Habits, and Performance." *International Journal of Social Robotics* 13(1), pp. 31–40.

Confavreux, J., and Ranciere, J. (2020). "The Crisis of Democracy." *Verso*, February 24. Available at: https://www.

versobooks.com/blogs/4576-jacques-ranciere-the-crisis-of-democracy.

Cook, G., Lee, J., Tsai, T., Kong, A., Deans, J., Johnson, B., and Jardin, E. (2017). *Clicking Clean: Who Is Winning the Race to Build a Green Internet?* Washington: Greenpeace.

Cotter, K., and Reisdorf, B. C. (2020). "Algorithmic Knowledge Gaps: A New Dimension of (Digital) Inequality." *International Journal of Communication* 14, pp. 745–65.

Couldry, N., Livingstone, S., and Markham, T. (2007). *Media Consumption and Public Engagement: Beyond the Presumption of Attention*. New York: Palgrave Macmillan.

Couldry, N., and Mejias, U. A. (2019). *The Costs of Connection: How Data Is Colonizing Human Life and Appropriating It for Capitalism*. Stanford: Stanford University Press.

Crary, J. (2014). *24/7: Late Capitalism and the Ends of Sleep*. London: Verso.

Crawford, K. (2021). *Atlas of AI: Power, Politics, and the Planetary Costs of Artificial Intelligence*. New Haven: Yale University Press.

Crawford, K., and Calo, R. (2016). "There Is a Blind Spot in AI Research." *Nature* 538, pp. 311–13.

Criado Perez, C. (2019). *Invisible Women: Data Bias in a World Designed for Men*. New York: Abrams Press.

Crutzen, P. (2006). "The 'Anthropocene.'" In: E. Ehlers and T. Krafft (eds.), *Earth System Science in the Anthropocene*. Berlin: Springer, pp. 13–18.

Cudworth, E., and Hobden, S. (2018). *The Emancipatory Project of Posthumanism*. London: Routledge.

Curry, P. (2011). *Ecological Ethics. An Introduction*. Second edition. Cambridge: Polity.

Dahl, R.A. (2006). *A Preface to Democratic Theory*. Chicago: University of Chicago Press.

Damnjanović, I. (2015). "Polity without Politics? Artificial Intelligence versus Democracy: Lessons from Neal Asher's Polity Universe." *Bulletin of Science, Technology & Society* 35(3–4), pp. 76–83.

Danaher, J. (2020). "Welcoming Robots into the Moral Circle: A Defence of Ethical Behaviorism." *Science and Engineering Ethics* 26(4), pp. 2023–49.

Darling, K. (2016). "Extending Legal Protection to Social Robots: The Effects of Anthropomorphism, Empathy, and Violent Behavior towards Robotic Objects." In: R. Calo, A. M. Froomkin, and I. Kerr (eds.), *Robot Law*. Cheltenham: Edward Elgar Publishing, pp. 213–32.

Dauvergne, P. (2020). "The Globalization of Artificial Intelligence: Consequences for the Politics of Environmentalism."

Globalizations 18(2), pp. 285–99.

Dean, J. (2009). *Democracy and Other Neoliberal Fantasies: Communicative Capitalism and Left Politics*. Durham, NC: Duke University Press.

Deleuze, G., and Guattari, F. (1987). *A Thousand Plateaus: Capitalism and Schizophrenia*. Translated by B. Massumi. Minneapolis: University of Minnesota Press.

Dent, N. (2005). *Rousseau*. London: Routledge.

Deplazes, A., and Huppenbauer, M. (2009). "Synthetic Organisms and Living Machines." *Systems and Synthetic Biology* 3(55). Available at: https://doi.org/10.1007/s11693-009-9029-4.

Derrida, J. (1976). *Of Grammatology*. Translated by G. C. Spivak. Baltimore, MD: Johns Hopkins University Press.

Derrida, J. (1981). "Plato's Pharmacy." In J. Derrida, *Dissemination*. Translated by B. Johnson. Chicago: University of Chicago Press, pp. 63–171.

Detrow, S. (2018). "What Did Cambridge Analytica Do during the 2016 Election?" *NPR*, March 21. Available at: https://text.npr.org/595338116.

Dewey, J. (2001). *Democracy and Education*. Hazleton, PA: Penn State Electronic Classics Series.

Diamond, L. (2019). "The Threat of Postmodern Totalitarianism."

Journal of Democracy 30(1), pp. 20–4.

Dignum, V. (2019). *Responsible Artificial Intelligence*. Cham: Springer.

Dixon, S. (2007). *Digital Performance: A History of New Media in Theater, Dance, Performance Art, and Installation*. Cambridge, MA: MIT Press.

Djeffal, C. (2019). "AI, Democracy and the Law." In: A. Sudmann (ed.), *The Democratization of Artificial Intelligence: Net Politics in the Era of Learning Algorithms*. Bielefeld: Transcript, pp. 255–83.

Donaldson, S., and Kymlicka, W. (2011). *Zoopolis: A Political Theory of Animal Rights*. New York: Oxford University Press.

Downing, L. (2008). *The Cambridge Introduction to Michel Foucault*. New York: Cambridge University Press.

Dubber, M., Pasquale, F., and Das, S. (2020). *The Oxford Handbook of Ethics of AI*. Oxford: Oxford University Press.

Dworkin, R. (2011). *Justice for Hedgehogs*. Cambridge, MA: Belknap Press.

Dworkin, R. (2020). "Paternalism." *Stanford Encyclopedia of Philosophy*. Available at: https://plato.stanford.edu/entries/paternalism/.

Dyer-Witheford, N. (1999). *Cyber-Marx: Cycles and Circuits of Struggle in High-Technology Capitalism*. Urbana: University of Illinois Press.

Dyer-Witheford, N. (2015). *Cyber-Proletariat Global Labour in the Digital Vortex*. London: Pluto Press.

Dyer-Witheford, N., Kjosen, A. M., and Steinhoff, J. (2019). *Inhuman Power: Artificial Intelligence and the Future of Capitalism*. London: Pluto Press.

El-Bermawy, M. M. (2016). "Your Filter Bubble Is Destroying Democracy." *Wired*, November 18. Available at: https://www.wired.com/2016/11/filter-bubble-destroying-democracy/.

Elkin-Koren, N. (2020). "Contesting Algorithms: Restoring the Public Interest in Content Filtering by Artificial Intelligence." *Big Data & Society* 7(2). Available at: https://doi.org/10.1177/2053951720932296.

Eriksson, K. (2012). "Self-Service Society: Participative Politics and New Forms of Governance." *Public Administration* 90(3), pp. 685–98.

Eshun, K. (2003). "Further Considerations of Afrofuturism." *CR: The New Centennial Review* 3(2), pp. 287–302.

Estlund, D. (2008). *Democratic Authority: A Philosophical Framework*. Princeton: Princeton University Press.

Eubanks, V. (2018). *Automating Inequality: How High-Tech Tools Profile, Police, and Punish the Poor*. New York: St. Martin's Press.

Farkas, J. (2020). "A Case against the Post-Truth Era: Revisiting Mouffe's Critique of Consensus-Based Democracy." In: M. Zimdars and K. McLeod (eds.), *Fake News: Understanding Media and Misinformation in the Digital Age*. Cambridge, MA: MIT Press, pp. 45–54.

Farkas, J., and Schou, J. (2018). "Fake News as a Floating Signifier: Hegemony, Antagonism and the Politics of Falsehood." *Javnost-The Public* 25(3), pp. 298–314.

Farkas, J., and Schou, J. (2020). *Post-Truth, Fake News and Democracy: Mapping the Politics of Falsehood.* New York: Routledge.

Feenberg, A. (1991). *Critical Theory of Technology*. Oxford: Oxford University Press.

Feenberg, A. (1999). *Questioning Technology*. London: Routledge. Ferrando, F. (2019). *Philosophical Posthumanism*. London: Bloomsbury Academic.

Floridi, L. (2013). *The Ethics of Information*. Oxford: Oxford University Press.

Floridi, L. (2014). *The Fourth Revolution*. Oxford: Oxford University Press.

Floridi, L. (2017). "Roman Law Offers a Better Guide to Robot Rights Than Sci-Fi." *Financial Times*, February 22. Available at: https://www.academia.edu/31710098/Roman_law_offers_a_better_guide_to_robot_rights_than_sci_fi.

Floridi, L., and Sanders, J. W. (2004). "On the Morality of

Artificial Agents." *Minds & Machines* 14(3), pp. 349–79.

Fogg, B. (2003). *Persuasive Technology: Using Computers to Change What We Think and Do*. San Francisco: Morgan Kaufmann.

Ford, M. (2015). *The Rise of the Robots: Technology and the Threat of a Jobless Future*. New York: Basic Books.

Foucault, M. (1977). *Discipline and Punish: The Birth of the Prison*. Translated by A. Sheridan. New York: Vintage Books.

Foucault, M. (1980). *Power/Knowledge: Selected Interviews and Other Writings 1972–1977*. Edited by C. Gordon, translated by C. Gordon, L. Marshall, J. Mepham, and K. Soper. New York: Pantheon Books.

Foucault, M. (1981). *History of Sexuality: Volume 1: An Introduction*. Translated by R. Hurley. London: Penguin.

Foucault, M. (1988). "Technologies of the Self ". In: L. H. Martin, H. Gutman, and P. H. Hutton (eds.), *Technologies of the Self: A Seminar with Michel Foucault*. Amherst: University of Massachusetts Press, pp. 16–49.

Frankfurt, H. (2000). "Distinguished Lecture in Public Affairs: The Moral Irrelevance of Equality." *Public Affairs Quarterly* 14(2), pp. 87–103.

Frankfurt, H. (2015). *On Inequality*. Princeton: Princeton University Press.

Fuchs, C. (2014). *Social Media: A Critical Introduction*. London: Sage Publications.

Fuchs, C. (2020). *Communication and Capitalism: A Critical Theory*. London: University of Westminster Press.

Fuchs, C., Boersma, K., Albrechtslund, A., and Sandoval, M. (eds.) (2012). *Internet and Surveillance: The Challenges of Web 2.0 and Social Media*. London: Routledge.

Fukuyama, F. (2006). "Identity, Immigration, and Liberal Democracy." *Journal of Democracy* 17(2), pp. 5–20.

Fukuyama, F. (2018a). "Against Identity Politics: The New Tribalism and the Crisis of Democracy." *Foreign Affairs* 97(5), pp. 90–115.

Fukuyama, F. (2018b). *Identity: The Demand for Dignity and the Politics of Resentment*. New York: Farrar, Straus and Giroux.

Gabriels, K., and Coeckelbergh, M. (2019). "Technologies of the Self and the Other: How Self-Tracking Technologies Also Shape the Other." *Journal of Information, Communication and Ethics in Society* 17(2). Available at: https://doi.org/10.1108/JICES-12-2018-0094.

Garner, R. (2003). "Animals, Politics, and Justice: Rawlsian Liberalism and the Plight of Non-Humans." *Environmental Politics* 12(2), pp. 3–22.

Garner, R. (2012). "Rawls, Animals and Justice: New Literature,

Same Response." *Res Publica* 18(2), pp. 159–72.

Gellers, J. C. (2020). "Earth System Governance Law and the Legal Status of Non-Humans in the Anthropocene." *Earth System Governance* 7. Available at: https://doi.org/10.1016/j.esg.2020.100083.

Giebler, H., and Merkel, W. (2016). "Freedom and Equality in Democracies: Is There a Trade-Off?" *International Political Science Review* 37(5), pp. 594–605.

Gilley, B. (2016). "Technocracy and Democracy as Spheres of Justice in Public Policy." *Policy Sciences* 50(1), pp. 9–22.

Gitelman, L., and Jackson, V. (2013). "Introduction." In L. Gitelman (ed.), *"Raw Data" Is an Oxymoron*. Cambridge, MA: MIT Press, pp. 1–14.

Goodin, R. E. (2003). *Reflective Democracy.* Oxford: Oxford University Press.

Gorwa, R., Binns, R., and Katzenbach, C. (2020). "Algorithmic Content Moderation: Technical and Political Challenges in the Automation of Platform Governance." *Big Data & Society* 7(1). Available at: https://doi.org/10.1177/2053951719897945.

Granka, L. A. (2010). "The Politics of Search: A Decade Retrospective." *The Information Society Journal* 26(5), pp. 364–74.

Gray, C. H. (2000). *Cyborg Citizen: Politics in the Posthuman Age*. London: Routledge.

Gunkel, D. (2014). "A Vindication of the Rights of Machines." *Philosophy & Technology* 27(1), pp. 113–32.

Gunkel, D. (2018). *Robot Rights*. Cambridge, MA: MIT Press.

Habermas, J. (1990). *Moral Consciousness and Communicative Action*. Translated by C. Lenhart and S. W. Nicholson. Cambridge, MA: MIT Press.

Hacker, P. (2018). "Teaching Fairness to Artificial Intelligence: Existing and Novel Strategies against Algorithmic Discrimination under EU Law." *Common Market Law Review* 55(4), pp. 1143–85.

Haggerty, K., and Ericson, R. (2000). "The Surveillant Assemblage." *British Journal of Sociology* 51(4), pp. 605–22.

Han, B.-C. (2015). *The Burnout Society*. Stanford: Stanford University Press.

Harari, Y. N. (2015). *Homo Deus: A Brief History of Tomorrow*. London: Harvill Secker.

Haraway, D. (2000). "A Cyborg Manifesto." In: D. Bell and B. M. Kennedy (eds.), *The Cybercultures Reader*. London: Routledge, pp. 291–324.

Haraway, D. (2003). *The Companion Species Manifesto: Dogs, People, and Significant Otherness*. Chicago: Prickly Paradigm Press.

Haraway, D. (2015). "Anthropocene, Capitalocene, Plantationocene, Chthulucene: Making Kin." *Environmental Humanities* 6, pp. 159–65.

Haraway, D. (2016). *Staying with the Trouble: Making Kin in the Chthulucene*. Durham, NC: Duke University Press.

Hardt, M. (2015). "The Power to Be Affected." *International Journal of Politics, Culture, and Society* 28(3), pp. 215–22.

Hardt, M., and Negri, A. (2000). *Empire*. Cambridge, MA: Harvard University Press.

Harvey, D. (2019). *Marx, Capital and the Madness of Economic Reason*. London: Profile Books.

Hegel, G. W. F. (1977). *Phenomenology of Spirit*. Translated by A. V. Miller. Oxford: Oxford University Press.

Hegel, G. W. F. (2008). *Outlines of the Philosophy of Right*. Translated by T. M. Knox. Oxford: Oxford University Press.

Heidegger, M. (1977). *The Question Concerning Technology and Other Essays*. Translated by W. Lovitt. New York: Garland Publishing.

Helberg, N., Eskens, S., van Drunen, M., Bastian, M., and Moeller, J. (2019). "Implications of AI-Driven Tools in the Media for Freedom of Expression." Institute for Information Law (IViR). Available at: https://rm.coe.int/coe-ai-report-final/168094ce8f.

Heyes, C. (2020). "Identity Politics." *Stanford Encyclopedia of Philosophy*. Available at: https://plato.stanford.edu/entries/identity-politics/.

Hildebrandt, M. (2015). *Smart Technologies and the End(s) of*

Law: Novel Entanglements of Law and Technology. Cheltenham: Edward Elgar Publishing.

Hildreth, R.W. (2009). "Reconstructing Dewey on Power." *Political Theory* 37(6), pp. 780–807.

Hill, K. (2020). "Wrongfully Accused by an Algorithm." *The New York Times*, 24 June.

Hobbes, T. (1996). *Leviathan*. Oxford: Oxford University Press.

Hoffman, M. (2014). *Foucault and Power: The Influence of Political Engagement on Theories of Power*. London: Bloomsbury.

Hughes, J. (2004). *Citizen Cyborg: Why Democratic Societies Must Respond to the Redesigned Human of the Future*. Cambridge, MA: Westview Press.

ILO (International Labour Organization) (2017). *Global Estimates of Modern Slavery*. Geneva: International Labour Office. Available at: https://www.ilo.org/global/publications/books/WCMS_575479/lang--en/index.htm.

Israel, T. (2020). *Facial Recognition at a Crossroads: Transformation at our Borders & Beyond*. Ottawa: Samuelson-Glushko Canadian Internet Policy & Public Interest Clinic. Available at: https://cippic.ca/uploads/FR_Transforming_Borders-OVERVIEW.pdf.

Javanbakht, A. (2020). "The Matrix Is Already There: Social Media Promised to Connect Us, But Left Us Isolated, Scared, and

Tribal." *The Conversation*, November 12. Available at: https://theconversation.com/the-matrix-is-already-here-social-media-promised-to-connectus-but-left-us-isolated-scared-and-tribal-148799.

Jonas, H. (1984). *The Imperative of Responsibility: In Search of an Ethics for the Technological Age*. Chicago: University of Chicago Press.

Kafka, F. (2009). *The Trial*. Translated by M. Mitchell. Oxford: Oxford University Press.

Karppi, T., Kähkönen, L., Mannevuo, M., Pajala, M., and Sihvonen, T. (2016). "Affective Capitalism: Investments and Investigations." *Ephemera: Theory & Politics in Organization* 16(4), pp. 1–13.

Kennedy, H., Steedman, R., and Jones, R. (2020). "Approaching Public Perceptions of Datafication through the Lens of Inequality: A Case Study in Public Service Media." *Information, Communication & Society*. Available at: https://doi.org/10.1080/1369118X.2020.1736122.

Kinkead, D., and Douglas, D. M. (2020). "The Network and the Demos: Big Data and the Epistemic Justifications of Democracy." In: K. McNish and J. Gailliott (eds.), *Big Data and Democracy*. Edinburgh: Edinburgh University Press, pp. 119–33.

Kleeman, S. (2015). "Woman Charged with False Reporting after Her Fitbit Contradicted Her Rape Claim." *Mic.com*, June 25. Available at: https://www.mic.com/articles/121319/fitbit-rape-claim.

Korinek, A., and Stiglitz, J. (2019). “Artificial Intelligence and Its Implications for Income Distribution and Unemployment.” In: A. Agrawal, J. Gans, and A. Goldfarb (eds.), *The Economics of Artificial Intelligence: An Agenda*. Chicago: University of Chicago Press, pp. 349–90.

Kozel, S. (2007). *Closer: Performance, Technologies, Phenomenology*. Cambridge, MA: MIT Press.

Kurzweil, R. (2005). *The Singularity Is Near: When Humans Transcend Biology*. New York: Viking.

Kwet, M. (2019). “Digital Colonialism Is Threatening the Global South.” *Al Jazeera*, March 13. Available at: https://www.aljazeera.com/indepth/opinion/digital-colonialism-threatening-global-south-190129140828809.html.

Laclau, E. (2005). *On Populist Reason*. New York: Verso.

Lagerkvist, A. (ed.) (2019). *Digital Existence: Ontology, Ethics and Transcendence in Digital Culture*. Abingdon: Routledge.

Lanier, J. (2010). *You Are Not a Gadget: A Manifesto*. New York: Borzoi Books.

Larson, J., Mattu, S., Kirchner, L., and Angwin, J. (2016). “How We Analyzed the COMPAS Recidivism Algorithm.” *ProPublica*, May 23. Available at: https://www.propublica.org/article/how-weanalyzedthe-compas-recidivism-algorithm.

Lash, S. (2007). "Power after Hegemony." *Theory, Culture & Society* 24(3), pp. 55–78.

Latour, B. (1993). *We Have Never Been Modern*. Translated by C. Porter. Cambridge, MA: Harvard University Press.

Latour, B. (2004). *Politics of Nature: How to Bring the Sciences into Democracy*. Translated by C. Porter. Cambridge, MA: Harvard University Press.

Lazzarato, M. (1996). "Immaterial Labor." In: P. Virno and M. Hardt (eds.), *Radical Thought in Italy: A Potential Politics*. Minneapolis: University of Minnesota Press, pp. 142–57.

Lazzarato, M. (2014). *Signs and Machines: Capitalism and the Production of Subjectivity*. Translated by J. D. Jordan. Los Angeles: Semiotext(e).

Leopold, A. (1949). *A Sand County Almanac*. New York: Oxford University Press.

Liao, S. M. (ed.) (2020). *Ethics of Artificial Intelligence*. New York: Oxford University Press.

Lin, P., Abney, K., and Jenkins, R. (eds.) (2017). *Robot Ethics 2.0*. New York: Oxford University Press.

Llansó, E. J. (2020). "No Amount of 'AI' in Content Moderation Will Solve Filtering's Prior-Restraint Problem." *Big Data & Society*

7(1). Available at: https://doi.org/10.1177/2053951720920686.

Loizidou, E. (2007). *Judith Butler: Ethics, Law, Politics*. New York: Routledge.

Lukes, S. (2019). "Power, Truth and Politics." *Journal of Social Philosophy* 50(4), pp. 562–76.

Lyon, D. (1994). *The Electronic Eye*. Minneapolis: University of Minnesota Press.

Lyon, D. (2014). "Surveillance, Snowden, and Big Data: Capacities, Consequences, Critique." *Big Data & Society* 1(2). Available at: https://doi.org/10.1177/2053951714541861.

MacKenzie, A. (2002). *Transductions: Bodies and Machines at Speed*. London: Continuum.

MacKinnon, R., Hickok, E., Bar, A., and Lim, H. (2014). "Fostering Freedom Online: The Role of Internet Intermediaries." Paris: United Nations Educational, Scientific and Cultural Organization (UNESCO). Available at: http://www.unesco.org/new/en/communication-and-information/resources/publications-and-communication-materials/publications/full-list/fostering-freedom-online-therole-of-internet-intermediaries/.

Magnani, L. (2013). "Abducing Personal Data, Destroying Privacy." In: M. Hildebrandt and K. de Vries (eds.), *Privacy, Due Process, and the Computational Turn*. New York: Routledge, pp. 67–91.

Mann, S., Nolan, J., and Wellman, B. (2002). "Sousveillance: Inventing and Using Wearable Computing Devices for Data Collection in Surveillance Environments." *Surveillance & Society* 1(3), pp. 331–55.

Marcuse, H. (2002). *One-Dimensional Man: Studies in the Ideology of Advanced Industrial Society*. London: Routledge.

Martínez-Bascunán, M. (2016). "Misgivings on Deliberative Democracy: Revisiting the Deliberative Framework." *World Political Science* 12(2), pp. 195–218.

Marx, K. (1977). *Economic and Philosophic Manuscripts of 1844*. Translated by M. Milligan. Moscow: Progress Publishers.

Marx, K. (1990). *Capital: A Critique of Political Economy*. Vol. 1. Translated by B. Fowkes. London: Penguin.

Massumi, B. (2014). *What Animals Teach Us about Politics*. Durham, NC: Duke University Press.

Matzner, T. (2019). "Plural, Situated Subjects in the Critique of Artificial Intelligence." In: A. Sudmann (ed.), *The Democratization of Artificial Intelligence: Net Politics in the Era of Learning Algorithms*. Bielefeld: Transcript, pp. 109–22.

McCarthy-Jones, S. (2020). "Artificial Intelligence Is a Totalitarian's Dream-Here's How to Take Power Back." *Global Policy*, August 13. Available at: https://www.globalpolicyjournal.com/blog/13/08/2020/artificial-intelligence-totalitarians-dream-heres-howtake-power-back.

McDonald, H. P. (2003). "Environmental Ethics and Intrinsic Value." In: H. P. McDonald (ed.), *John Dewey and Environmental Philosophy*. Albany: SUNY Press, pp. 1–56.

McKenzie, J. (2001). *Perform or Else: From Discipline to Performance*. New York: Routledge.

McNay, L. (2008). *Against Recognition*. Cambridge: Polity.

McNay, L. (2010). "Feminism and Post-Identity Politics: The Problem of Agency." *Constellations* 17(4), pp. 512–25.

McQuillan, D. (2019). "The Political Affinities of AI." In: A. Sudmann (ed.), *The Democratization of Artificial Intelligence: Net Politics in the Era of Learning Algorithms*. Bielefeld: Transcript, pp. 163–73.

McStay, A. (2018). *Emotional AI: The Rise of Empathic Media*. London: Sage Publications.

Miessen, M., and Ritts, Z. (eds.) (2019). *Para-Platforms: On the Spatial Politics of Right-Wing Populism*. Berlin: Sternberg Press.

Mill, J. S. (1963). *The Subjection of Women*. In: J. M. Robson (ed.), *Collected Works of John Stuart Mill*. Toronto: Routledge.

Mill, J. S. (1978). *On Liberty*. Indianapolis: Hackett Publishing.

Miller, D. (2003). *Political Philosophy: A Very Short Introduction*. Oxford: Oxford University Press.

Mills, C. W. (1956). *The Power Elite*. New York: Oxford University Press.

Moffitt, B. (2016). *Global Rise of Populism: Performance, Political Style, and Representation*. Stanford: Stanford University Press.

Moore, J. W. (2015). *Capitalism in the Web of Life: Ecology and the Accumulation of Capital*. London: Verso.

Moore, P. (2018). *The Quantified Self in Precarity: Work, Technology and What Counts*. New York: Routledge.

Moravec, H. (1988). *Mind Children: The Future of Robot and Human Intelligence*. Cambridge, MA: Harvard University Press.

Morozov, E. (2013). *To Save Everything, Click Here: Technology, Solutionism, and the Urge to Fix Problems That Don't Exist*. London: Penguin.

Mouffe, C. (1993). *The Return of the Political*. London: Verso.

Mouffe, C. (2000). *The Democratic Paradox*. London: Verso.

Mouffe, C. (2005). *On the Political: Thinking in Action*. London: Routledge.

Mouffe, C. (2016). "Democratic Politics and Conflict: An Agonistic Approach." *Politica Comun* 9. Available at: http://dx.doi.org/10.3998/pc.12322227.0009.011.

Murray, D. (2019). *The Madness of the Crowds: Gender, Race and Identity*. London: Bloomsbury.

Nass, A. (1989). *Ecology, Community and Lifestyle: Outline of an Ecosophy*. Edited and translated by D. Rothenberg. Cambridge: Cambridge University Press.

Nemitz, P. F. (2018). "Constitutional Democracy and Technology in the Age of Artificial Intelligence." *SSRN Electronic Journal* 376(2133). Available at: https://doi.org/10.2139/ssrn.3234336.

Nguyen, C. T. (2020). "Echo Chambers and Epistemic Bubbles." *Episteme* 17(2), pp. 141–61.

Nielsen, K. (1989). "Marxism and Arguing for Justice." *Social Research* 56(3), pp. 713–39.

Niyazov, S. (2019). "The Real AI Threat to Democracy." *Towards Data Science*, November 15. Available at: https://towardsdatascience.com/democracys-unsettling-future-in-the-age-of-ai-c47b1096746e.

Noble, S. U. (2018). *Algorithms of Oppression: How Search Engines Reinforce Racism*. New York: New York University Press.

Nozick, R. (1974). *Anarchy, State, and Utopia*. New York: Basic Books.

Nussbaum, M. (2000). *Women and Human Development: The Capabilities Approach*. Cambridge: Cambridge University Press.

Nussbaum, M. (2006). *Frontiers of Justice: Disability, Nationality, Species Membership*. Cambridge, MA: Harvard University

Press.

Nussbaum, M. (2016). *Anger and Forgiveness: Resentment, Generosity, Justice*. New York: Oxford University Press.

Nyholm, S. (2020). *Humans and Robots: Ethics, Agency, and Anthropomorphism*. London: Rowman & Littlefield.

O'Neil, C. (2016). *Weapons of Math Destruction: How Big Data Increases Inequality and Threatens Democracy*. New York: Crown Books.

Ott, K. (2020). "Grounding Claims for Environmental Justice in the Face of Natural Heterogeneities." *Erde* 151(2–3), pp. 90–103.

Owe, A., Baum, S. D., and Coeckelbergh, M. (forthcoming). "How to Handle Nonhumans in the Ethics of Artificial Entities: A Survey of the Intrinsic Valuation of Nonhumans."

Papacharissi, Z. (2011). *A Networked Self: Identity, Community and Culture on Social Network Sites*. New York: Routledge.

Papacharissi, Z. (2015). *Affective Publics: Sentiment, Technology, and Politics*. Oxford: Oxford University Press.

Parikka, J. (2010). *Insect Media: An Archaeology of Animals and Technology*. Minneapolis: University of Minnesota Press.

Pariser, E. (2011). *The Filter Bubble*. London: Viking.

Parviainen, J. (2010). "Choreographing Resistances: Kinaesthetic Intelligence and Bodily Knowledge as Political Tools in Activist

Work." *Mobilities* 5(3), pp. 311–30.

Parviainen, J., and Coeckelbergh, M. (2020). "The Political Choreography of the Sophia Robot: Beyond Robot Rights and Citizenship to Political Performances for the Social Robotics Market." *AI & Society*. Available at: https://doi.org/10.1007/s00146-020-01104-w.

Pasquale, F. A. (2019). "Data-Informed Duties in AI Development" 119 Columbia Law Review 1917 (2019), University of Maryland Legal Studies Research Paper No. 2019-14. Available at SSRN: https://ssrn.com/abstract=3503121.

Pessach, D., and Shmueli, E. (2020). "Algorithmic Fairness." Available at: https://arxiv.org/abs/2001.09784.

Picard, R. W. (1997). *Affective Computing*. Cambridge, MA: MIT Press.

Piketty, T., Saez, E., and Stantcheva, S. (2011). "Taxing the 1%: Why the Top Tax Rate Could Be over 80%." *VOXEU/CEPR*, December 8. Available at: https://voxeu.org/article/taxing-1-why-toptax-rate-could-be-over-80.

Polonski, V. (2017). "How Artificial Intelligence Conquered Democracy." *The Conversation*, August 8. Available at: https://theconversation.com/how-artificial-intelligence-conquered-democracy-77675.

Puschmann, C. (2018). "Beyond the Bubble: Assessing the Diversity of Political Search Results." *Digital Journalism* 7(6), pp. 824–43.

Radavoi, C. N. (2020). "The Impact of Artificial Intelligence on Freedom, Rationality, Rule of Law and Democracy: Should We Not Be Debating It?" *Texas Journal on Civil Liberties & Civil Rights* 25(2), pp. 107–29.

Ranciere, J. (1991). *The Ignorant Schoolmaster*. Translated by K. Ross. Stanford: Stanford University Press.

Ranciere, J. (1999). *Disagreement*. Translated by J. Rose. Minneapolis: University of Minnesota Press.

Ranciere, J. (2010). *Dissensus*. Translated by S. Corcoran. New York: Continuum.

Rawls, J. (1971). *A Theory of Justice*. Oxford: Oxford University Press.

Rawls, J. (2001). *Justice as Fairness: A Restatement*. Cambridge, MA: Harvard University Press.

Regan, T. (1983). *The Case for Animal Rights*. Berkeley: University of California Press.

Rensch, A. T.-L. (2019). "The White Working Class Is a Political Fiction." *The Outline*, November 25. Available at: https://theoutline.com/post/8303/white-working-class-political-fiction?zd=1&zi=oggsrqmd.

Rhee, J. (2018). *The Robotic Imaginary: The Human and the Price of Dehumanized Labor*. Minneapolis: University of Minnesota Press.

Ricoeur, P. (1978). "The Metaphor Process as Cognition, Imagination, and Feeling." *Critical Inquiry* 5(1), pp. 143–59.

Rieger, S. (2019). "Reduction and Participation." In: A. Sudmann (ed.), *The Democratization of Artificial Intelligence: Net Politics in the Era of Learning Algorithm*. Bielefeld: Transcript, pp. 143–62.

Rivero, N. (2020). "The Pandemic is Automating Emergency Room Triage." *Quartz*, August 21. Available at: https://qz.com/1894714/covid-19-is-boosting-the-use-of-ai-triage-in-emergency-rooms/.

Roden, D. (2015). *Posthuman Life: Philosophy at the Edge of the Human*. London: Routledge.

Rolnick, D., Donti, P. L., Kaack, L. H., et al. (2019). "Tackling Climate Change with Machine Learning." Available at: https://arxiv.org/pdf/1906.05433.pdf.

Rolston, H. (1988). *Environmental Ethics: Duties to and Values in the Natural World*. Philadelphia: Temple University Press.

Ronnow-Rasmussen, T., and Zimmerman, M. J. (eds.). (2005). *Recent Work on Intrinsic Value*. Dordrecht: Springer Netherlands.

Rousseau, J.-J. (1997). *Of the Social Contract*. In: V. Gourevitch (ed.), *The Social Contract and Other Later Political Writings*. Cambridge: Cambridge University Press, pp. 39–152.

Rouvroy, A. (2013). "The End(s) of Critique: Data-Behaviourism vs. Due-Process." In: M. Hildebrandt and K. de Vries (eds.), *Privacy, Due Process and the Computational Turn: The Philosophy of Law Meets the Philosophy of Technology*. London: Routledge, pp. 143–67.

Rowlands, M. (2009). *Animal Rights: Moral Theory and Practice*. Basingstoke: Palgrave.

Saco, D. (2002). *Cybering Democracy: Public Space and the Internet*. Minneapolis: University of Minnesota Press.

Satra, H. S. (2020). "A Shallow Defence of a Technocracy of Artificial Intelligence: Examining the Political Harms of Algorithmic Governance in the Domain of Government." *Technology in Society* 62. Available at: https://doi.org/10.1016/j.techsoc.2020.101283.

Sampson, T. D. (2012). *Virality: Contagion Theory in the Age of Networks*. Minneapolis: University of Minnesota Press.

Sandberg, A. (2013). "Morphological Freedom—Why We Not Just Want It, but Need It." In: M. More and M. Vita-More (eds.), *The Transhumanist Reader*. Malden, MA: John Wiley & Sons, pp. 56–64.

Sartori, G. (1987). *The Theory of Democracy Revisited*. Chatham, NJ: Chatham House Publishers.

Sattarov, F. (2019). *Power and Technology*. London: Rowman & Littlefield.

Saurette, P., and Gunster, S. (2011). "Ears Wide Shut: Epistemological

Populism, Argutainment and Canadian Conservative Talk Radio." *Canadian Journal of Political Science* 44(1), pp. 195–218.

Scanlon, T. M. (1998). *What We Owe to Each Other*. Cambridge, MA: Harvard University Press.

Segev, E. (2010). *Google and the Digital Divide: The Bias of Online Knowledge*. Oxford: Chandos.

Sharkey, A., and Sharkey, N. (2012). "Granny and the Robots: Ethical issues in Robot Care for the Elderly." *Ethics and Information Technology* 14(1), pp. 27–40.

Simon, F. M. (2019). " 'We Power Democracy': Exploring the Promises of the Political Data Analytics Industry." *The Information Society* 35(3), pp. 158–69.

Simonite, T. (2018). "When It Comes to Gorillas, Google Photos Remains Blind." *Wired*, January 11. Available at: https://www.wired.com/story/when-it-comes-to-gorillas-google-photos-remains-blind/.

Singer, P. (2009). *Animal Liberation*. New York: HarperCollins.

Solove, D. J. (2004). *The Digital Person: Technology and Privacy in the Information Age*. New York: New York University Press.

Sparrow, R. (2021). "Virtue and Vice in Our Relationships with Robots." *International Journal of Social Robotics* 13(1), pp. 23–9.

Stark, L., Greene, D., and Hoffmann, A. L. (2021). "Critical Perspectives on Governance Mechanisms for AI/ML Systems." In: J.

Roberge and M. Castell (eds.), *The Cultural Life of Machine Learning: An Incursion into Critical AI Studies*. Cham: Palgrave Macmillan, pp. 257–80.

Stiegler, B. (1998). *Technics and Time, 1: The Fault of Epimetheus*. Translated by R. Beardsworth and G. Collins. Stanford: Stanford University Press.

Stiegler, B. (2019). *The Age of Disruption: Technology and Madness in Computational Capitalism*. Translated by D. Ross. Cambridge: Polity.

Stilgoe, J., Owen, R., and Macnaghten, P. (2013). "Developing A Framework for Responsible Innovation." *Research Policy* 42(9), pp. 1568–80.

Strubell, E., Ganesh, A., and McCallum, A. (2019). "Energy and Policy Considerations for Deep Learning in NLP." Available at: https://arxiv.org/abs/1906.02243.

Suarez-Villa, L. (2009). *Technocapitalism: A Critical Perspective on Technological Innovation and Corporatism*. Philadelphia: Temple University Press.

Sudmann, A. (ed.) (2019). *The Democratization of Artificial Intelligence: Net Politics in the Era of Learning Algorithms*. Bielefeld: Transcript.

Sun, T., Gaut, A., Tang, S., Huang, Y., El Shereif, M., Zhao,

J., Mirza, D., Belding, E., Chang, K.-W., and Wang, W. Y. (2019). "Mitigating Gender Bias in Natural Language Processing: Literature Review." In: A. Korhonen, D. Traum, and L. Marquez (eds.), *Proceedings of the 57th Annual Meeting of the Association of Computational Linguistics*, pp. 1630–40. Available at: https://www.aclweb.org/anthology/P19-1159.pdf.

Sun, X., Wang, N., Chen, C.-Y., Ni, J.-M., Agrawal, A., Cui, X., Venkataramani, S., El Maghraoui, K., Srinivasan, V. (2020). "Ultra-Low Precision 4-Bit Training of Deep Neutral Networks." In: H. Larochelle, M. Ranzato, R. Hadsell, M. F. Balcan, and H. Lin (eds.), *Advances in Neural Information Processing Systems 33 Pre-Proceedings*. Proceedings of the 34th Conference on Neutral Information Processing Systems (NeurIPS 2020), Vancouver, Canada. Available at: https://proceedings.neurips.cc/paper/2020/file/13b919438259814cd5be8cb45877d577-Paper.pdf.

Sunstein, C. R. (2001). *Republic.com*. Princeton: Princeton University Press.

Susser, D., Roessler, B., and Nissenbaum, H. (2019). "Technology, Autonomy, and Manipulation." *Internet Policy Review* 8(2). https://doi.org/10.14763/2019.2.1410.

Swift, A. (2019). *Political Philosophy*. Cambridge: Polity.

Tangerman, V. (2019). "Amazon Used an AI to Automatically Fire

Low-Productivity Workers." *Futurism*, April 26. Available at: https://futurism.com/amazon-ai-fire-workers.

Thaler, R. H., and Sunstein, C. R. (2009). *Nudge: Improving Decisions about Health, Wealth, and Happiness*. Revised edition. London: Penguin.

Thompson, N., Harari, Y. N., and Harris, T. (2018). "When Tech Knows You Better Than You Know Yourself." *Wired*, April 10. Available at: https://www.wired.com/story/artificial-intelligence-yuval-noah-harari-tristan-harris/.

Thorseth, M. (2008). "Reflective Judgement and Enlarged Thinking Online." *Ethics and Information Technology* 10, pp. 221–31.

Titley, G. (2020). *Is Free Speech Racist?* Cambridge: Polity.

Tocqueville, A. (2000). *Democracy in America*. Translated by H. C. Mansfield and D. Winthrop. Chicago: University of Chicago Press.

Tolbert, C. J., McNeal, R. S., and Smith, D. A. (2003). "Enhancing Civic Engagement: The Effect of Direct Democracy on Political Participation and Knowledge." *State Politics and Policy Quarterly* 3(1), pp. 23–41.

Tschakert, P. (2020). "More-Than-Human Solidarity and Multispecies Justice in the Climate Crisis." *Environmental Politics*. Available at: https://doi.org/10.1080/09644016.2020.1853448.

Tufekci, Z. (2018). "Youtube, the Great Radicalizer." *The New*

York Times, March 10.

Turkle, S. (2011). *Alone Together: Why We Expect More from Technology and Less from Each Other*. New York: Basic Books.

Umbrello, S., and Sorgner, S. (2019). "Nonconscious Cognitive Suffering: Considering Suffering Risks of Embodied Artificial Intelligence." *Philosophies* 4(2). Available at: https://doi.org/10.3390/philosophies4020024.

UN (United Nations) (1948). *Universal Declaration of Human Rights*. Available at: https://www.un.org/en/about-us/universal-declarationof-human-rights.

UN (United Nations) (2018). "Promotion and Protection of the Right to Freedom of Opinion and Expression." Seventy-third session, August 29. Available at: https://www.undocs.org/A/73/348.

UNICRI (United Nations International Crime and Justice Research Institute) and INTERPOL (International Criminal Police Organization) (2019). *Artificial Intelligence and Robotics for Law Enforcement*. Turin and Lyon: UNICRI and INTERPOL. Available at: https://www.europarl.europa.eu/cmsdata/196207/UNICRI%20-%20Artificial%20intelligence%20and%20robotics%20for%20law%20enforcement.pdf.

Vallor, S. (2016). *Technology and the Virtues*. New York: Oxford University Press.

Van den Hoven, J. (2013). "Value Sensitive Design and Responsible Innovation." In: R. Owen, J. Bessant, and M. Heintz (eds.), *Responsible Innovation: Managing the Responsible Emergence of Science and Innovation in Society*. London: Wiley, pp. 75–83.

Van Dijk, J. (2020). *The Network Society*. Fourth edition. London: Sage Publications.

Van Parijs, P. (1995). *Real Freedom for All*. Oxford: Clarendon Press.

Varela, F., Thompson, E. T., and Rosch, E. (1991). *The Embodied Mind: Cognitive Science and Human Experience*. Cambridge, MA: MIT Press.

Véliz, C. (2020). *Privacy Is Power: Why and How You Should Take Back Control of Your Data*. London: Bantam Press.

Verbeek, P.-P. (2005). *What Things Do: Philosophical Reflections on Technology, Agency, and Design*. University Park: Pennsylvania State University Press.

Vidal, J. (2011). "Bolivia Enshrines Natural World's Rights with Equal Status for Mother Earth." *The Guardian*, April 10. Available at: https://www.theguardian.com/environment/2011/apr/10/bolivia-enshrinesnatural-worlds-rights.

Von Schomberg, R. (ed.) (2011). *Towards Responsible Research and Innovation in the Information and Communication Technologies and Security Technologies Fields*. Luxembourg: Publication Office of the European Union. Available at: https://op.europa.eu/en/publication-detail/-/publication/60153e8a-0fe9-4911-a7f4-1b530967ef10.

Wahl-Jorgensen, K. (2008). "Theory Review: On the Public Sphere, Deliberation, Journalism and Dignity." *Journalism Studies* 9(6), pp. 962–70.

Walk Free Foundation. (2018). *The Global Slavery Index*. Available at: https://www.globalslaveryindex.org/resources/downloads/.

Wallach, W., and Allen, C. (2009). *Moral Machines*. New York: Oxford University Press.

Warburton, N. (2009). *Free Speech: A Very Short Introduction*. Oxford: Oxford University Press.

Webb, A. (2019). *The Big Nine: How the Tech Titans and Their Thinking Machines Could Warp Humanity*. New York: Hachette Book Group.

Webb, M. (2020). *Coding Democracy: How Hackers Are Disrupting Power, Surveillance, and Authoritarianism*. Cambridge, MA: MIT Press.

Westlund, A. (2009). "Rethinking Relational Autonomy." *Hypatia* 24(4), pp. 26–49.

Winner, L. (1980). "Do Artifacts Have Politics?" *Daedalus* 109(1), pp. 121–36.

Winner, L. (1986). *The Whale and the Reactor*. Chicago: University of Chicago Press.

Wolfe, C. (2010). *What Is Posthumanism?* Minneapolis: University of Minnesota Press.

Wolfe, C. (2013). *Before the Law: Humans and Other Animals in a Biopolitical Frame.* Chicago: University of Chicago Press.

Wolfe, C. (2017). "Posthumanism Thinks the Political: A Genealogy of Foucault's *The Birth of Biopolitics*." *Journal of Posthuman Studies* 1(2), pp. 117–35.

Wolff, J. (2016). *An Introduction to Political Philosophy*. Third edition. Oxford: Oxford University Press.

Yeung, K. (2016). " 'Hypernudge': Big Data as a Mode of Regulation by Design." *Information, Communication & Society* 20(1), pp. 118–36.

Young, I. (2000). *Inclusion and Democracy*. Oxford: Oxford University Press.

Zimmermann, A., Di Rosa, E., and Kim, H. (2020). "Technology Can't Fix Algorithmic Injustice." *Boston Review*, January 9. Available at: http://bostonreview.net/science-nature-politics/annette-zimmermann-elena-di-rosa-hochan-kim-technology-cant-fix-algorithmic.

Zolkos, M. (2018). "Life as a Political Problem: The Post-Human

Turn in Political Theory." *Political Studies Review* 16(3), pp. 192–204.

Zuboff, S. (2015). "Big Other: Surveillance Capitalism and the Prospects of an Information Civilization." *Journal of Information Technology* 30(1), pp. 75–89.

Zuboff, S. (2019). *The Age of Surveillance Capitalism: The Fight for a Human Future at the New Frontier of Power*. London: Profile Books.

图书在版编目(CIP)数据

人工智能政治哲学 /（奥）马克·考科尔伯格（Mark Coeckelbergh）著；徐钢译. -- 上海：上海人民出版社，2024. --（“人工智能伦理、法律与治理”系列丛书 / 蒋惠岭主编）. -- ISBN 978-7-208-18948-5

Ⅰ. TP18

中国国家版本馆 CIP 数据核字第 2024QL666 号

责任编辑 冯 静
封面设计 一本好书

“人工智能伦理、法律与治理”系列丛书

人工智能政治哲学

[奥地利]马克·考科尔伯格 著
徐 钢 译

出 版 上海人民出版社
（201101 上海市闵行区号景路 159 弄 C 座）
发 行 上海人民出版社发行中心
印 刷 苏州工业园区美柯乐制版印务有限责任公司
开 本 635×965 1/16
印 张 16
插 页 4
字 数 153,000
版 次 2024 年 6 月第 1 版
印 次 2024 年 11 月第 2 次印刷
ISBN 978-7-208-18948-5/D·4331
定 价 75.00 元

The Political Philosophy of AI: An Introduction

Simplified Chinese language edition is published by Shanghai People's Publishing House